2022

中国农业技术推广发展报告

2022 Zhongguo Nongye Jishu Tuiguang Fazhan Baogao

农业农村部科技教育司
全国农业技术推广服务中心 ◎组编

中国农业出版社
北 京

图书在版编目（CIP）数据

2022中国农业技术推广发展报告 / 农业农村部科技教育司，全国农业技术推广服务中心组编 .—北京：中国农业出版社，2023.6

ISBN 978-7-109-30827-5

Ⅰ.①2… Ⅱ.①农… ②全… Ⅲ.①农业科技推广－研究报告－中国－2022 Ⅳ.①S3-33

中国国家版本馆CIP数据核字（2023）第112860号

中国农业出版社出版

地址：北京市朝阳区麦子店街18号楼

邮编：100125

责任编辑：郭银巧　　文字编辑：张田萌

版式设计：王　晨　　责任校对：刘丽香

印刷：中农印务有限公司

版次：2023年6月第1版

印次：2023年6月北京第1次印刷

发行：新华书店北京发行所

开本：880mm×1230mm　1/16

印张：13

字数：332千字

定价：80.00元

编　委　会

前　　言

2021 年是中国共产党成立 100 周年，是“两个一百年”奋斗目标的历史交汇期，做好农业农村工作具有十分重要意义。一年来，各级农业农村部门和广大农业技术推广人员弘扬伟大建党精神，深入学习习近平新时代中国特色社会主义思想，贯彻落实中央农村工作会议和中央 1 号文件精神，践行总体国家安全观，围绕全面实施乡村振兴战略，突出稳粮保供中心任务，落实“藏粮于地、藏粮于技”战略要求，统筹做好疫情防控同时扎实开展技术集成推广和指导服务，为农业高质量发展提供坚实支撑，农技推广事业取得新成效。2021 年，全国粮食总产量达到 13 657 亿斤，连续 7 年稳定在 1.3 万亿斤以上，为确保国家粮食安全、应对复杂多变的国内外形势、克服各种风险挑战提供了有力支撑，为“十四五”开好局、起好步，推动经济社会高质量发展奠定了坚实基础。

为总结交流和宣传工作成效经验，进一步促进农技推广事业发展，我们组织编写了《2022 中国农业技术推广发展报告》，内容包括农技推广体系改革建设、重大项目、重大计划、重大技术集成示范情况，以及农技推广服务典型案例、典型人物和重大政策等。希望本书的出版，能够为各地更好地开展农技推广工作提供借鉴，为有关部门研究决策提供参考。

本书的编写和出版得到了农业农村部有关司局、部属推广单位和各省（自治区、直辖市）农业农村部门的大力支持，在此一并致谢！

编　者

2022 年 9 月

目　录

第四篇　重大引领性技术集成示范

第五篇　农技推广服务典型案例

第六篇 十佳农技推广标兵典型事迹

第七篇 农技推广重大政策

第八篇　媒体宣传报道

附录

第一篇

农技推广工作

农技推广体系改革建设

2021 年，各级农技推广部门深入学习习近平新时代中国特色社会主义思想，认真贯彻中央农村工作会议和中央 1 号文件精神，全面落实中央关于三农工作决策部署，紧紧围绕“保供固安全，振兴畅循环”工作定位，充分发挥农业技术推广体系技术、人才和组织优势，以农业重大项目实施为引领，加强农技推广体系改革建设，加快农业先进适用技术集成推广应用，全力服务农业稳产保供和推动农业高质量发展，为全面推进乡村振兴、加快农业农村现代化提供了有力的科技和人才支撑。

一、中央财政项目支持重点任务顺利实施

2021 年，中央财政继续通过农业生产发展资金、农业资源及生态保护补助资金等项目支持农技推广重点任务实施。推进实施重点作物绿色高质高效行动，以巩固提升粮食等重要农产品供给保障能力为目标，聚焦稳口粮提品质、扩玉米稳大豆提单产、扩油料稳棉糖提产能以及推进“三品一标”增效益等重点任务，集成组装推广区域性、标准化高产高效技术模式。实施农机深松整地，以提高土壤蓄水保墒能力为目标，支持适宜地区开展农机深松整地作业，促进耕地质量改善和农业可持续发展。实施奶业振兴行动和畜禽健康养殖，建设高产优质苜蓿示范基地，降低奶牛饲养成本，提高生鲜乳质量安全水平，开展蜜蜂遗传资源保护利用、良种繁育推广、现代化养殖加工技术及设施设备推广应用。加强农业资源与生态保护，开展化肥减量增效示范，做好测土配方施肥，开展退化耕地治理，统筹推进东北黑土地保护利用和保护性耕作，推进耕地轮作休耕制度，开展绿色种养循环试点，促进农作物秸秆综合利用，推广地膜回收利用。深化基层农技推广体系改革，示范推广重大引领性技术和农业主推技术，实施农技推广服务特聘计划，加强基层农技推广体系队伍建设，加快重大技术推广落地，提升农技推广服务效能。这些项目任务的顺利实施，为保障农业生产、提升农业科技应用水平、推动农业高质量发展作出重要贡献。

二、重大技术推广计划落地显成效

围绕稳粮保供中心工作，进一步完善部抓引领性技术集成示范、省抓区域重大技术协同推广、县抓主推技术落地应用的立体化格局，推动了一大批优质高效、绿色安全的技术模式展示应用。遴选发布稻麦绿色丰产“无人化”栽培技术、蔬菜流水线贴接法高效嫁接育苗技术、床场一体化养牛技术等 10 项重大引领性技术，每项技术组建 1 支技术集成示范团队，建设 2 个以上示范展示基地，加快技术集成熟化进展，组织开展多种形式现场观摩培训活动，为大规模生产应用奠定基础。进一步扩大重大技术协同推广计划实施范围，统筹省级现代农业产业技术体系、科技

创新联盟等科技资源实施农业重大技术协同推广计划，实现农业重点产业基本覆盖；同时，以产业重大需求为导向，以重大技术为牵引，完善政产学研推用"六位一体"协同推广模式，形成农技推广服务合力，示范推广大豆全产业链技术模式、油菜绿色高产高效技术模式等一批农业生产和产业发展急需的技术模式。进一步完善和优化部省县三级主推技术遴选推介机制，2021年，农业农村部遴选发布114项主推技术，各地结合农业主导特色产业发展要求和生产经营技术需求，围绕绿色生态、节本增效、优质安全等内容，组建主推技术指导团队，示范推广主推技术2.48万项次，通过"专家＋农技人员＋示范基地＋示范主体＋辐射带动户"等链式推广服务模式，加快技术进村入户到田。

三、农技推广服务基础不断夯实

依托110个国家现代农业科技示范展示基地、6 400多个县域农业科技示范基地和国家级农业技术推广信息化服务平台，推动技术研发、集成示范、培训推广紧密结合，高效便利开展农业技术推广服务，加快推动先进技术落地应用。国家现代农业科技示范展示基地发挥国家基地示范引领作用，立足主导产业发展需要，完善市场导向的产业发展带动机制和利益联结机制，开展科研试验、技术集成、成果转化、实训观摩等活动，带动周边新型经营主体和农户共同发展。县域农业科技示范基地聚焦优势特色产业技术需求，充分发挥县域科技示范展示平台作用，示范展示年度当地主推技术，组织农技人员在基地进行技术指导服务，开展农民教育培训、现场观摩等活动，落实示范推广到位、培训指导到位、产业引领到位，有效推动先进技术推广应用。推动"中国农技推广信息服务平台"迭代升级，拓展服务内容，强化数据统计，完善展示示范功能，结合农时需要开设科技在春·"三下乡"、全力备战"三夏"、科技在秋、科技服务助力防灾减灾等跨时空、全天候的科技服务专题，以信息化手段赋能科技服务，推动专家、农技人员和服务对象在线学习、互动交流。依托"中国农技推广信息服务平台"实现基层农技推广机构和人员管理全覆盖，能够及时掌握机构队伍变化情况与工作动态热点，有力促进优化基层农技推广体系改革与建设补助项目实施绩效管理，有效提升农技推广服务效能。

四、农技推广人员队伍建设水平不断提升

统筹整合各类优势培训资源，完善农技人员分级分类培训机制，对全国16.35万名基层农技人员进行知识更新培训，加大对2万名基层农技推广骨干人才培养力度，促进农技推广队伍的知识水平和业务能力提升。山西、浙江、福建、江西、湖南、广西、重庆等省份采取"定向招生、定向培养、定向就业"的培养方式，吸引具有较高素质和专业水平的青年作为储备人才进入基层农技推广队伍。福建、广东、湖南等省份基层农技推广队伍中的低学历和非专业农技人员通过在职研修、异地研修等方式，提升学历水平。从农业科技服务公司、专业服务组织及科技服务能力较强的农民合作社、家庭农场等主体中选强培优农业科技社会化服务力量，承担公益性农业科技服务。在脱贫地区、生猪牛羊养殖大县全面实施农技推广服务特聘计划，2021年，从土专家、田秀才、新型经营主体技术骨干等人员中招募特聘农技员

5 427 人，特聘动物防疫员 6 674 人，一批经验丰富、联农带农作用突出的本地技术人才加入农技推广队伍，为助推产业发展、脱贫攻坚与乡村振兴有效衔接提供了服务支撑。2021 年，农业农村部组织开展“全国十佳农技推广标兵”“互联网＋农技推广”服务之星评选活动，对一批敬业奉献、勇于担当、业绩突出的典型人物予以表彰宣传，营造了良好的社会氛围，激励广大农技人员提升担当意识、提高本领能力，全身心投入服务乡村振兴和加快农业农村现代化事业。

行业技术推广情况

种　植　业

2021 年，全国种植业技术推广系统贯彻落实中央决策部署，以支撑稳粮保供为总目标，以绿色高质量发展为主线，以重大关键技术集成推广为抓手，积极履职尽责、担当作为，扎实做好种植业生产技术指导和种业管理技术支撑，为推进粮食生产高位增长、重要农产品有效供给和种业振兴全面启动提供了强有力的技术支撑。

（一）突出稳粮保供，扎实做好生产指导服务

一是加强农情监测和农资保供信息调度。依托全国监测网络抓好种、肥、墒、苗等农情监测，为科学决策和防灾减灾提供了重要依据。加强蔬菜等 7 种园艺作物生产调度、肥料质量监督抽查、农户施肥和用药情况调查及抗药性监测。成立农资保供专班工作组，调度种子、肥料、农药等重点农资供应及价格信息，调度数据 3 万多条。**二是紧抓生产技术指导。**集成推广粮棉油糖区域化标准化技术模式 60 套，制定发布技术指导意见 60 余个，按照生产区域布局和产品结构实际组织大规模粮食绿色高质高效示范。开展三大“农技行动”，在春耕春管、“三夏”生产、秋冬种关键农时和关键生育时期，各级推广部门农技人员深入田间地头开展技术指导和咨询服务，推动生产技术措施到田到户。强化应急指导，开展灾情调查、补改种等灾后恢复生产技术指导服务。**三是做好病虫害预警防治。**强化草地贪夜蛾“三区四带”布防，印发水稻“两迁”害虫、条锈病、农区鼠害等重大病虫害防控技术方案 14 个，通过中央电视台发布病虫预警 29 期。持续开展有害生物风险分析，办理国外引种检疫审批 2 185 批、完成进口种苗隔离试种 32 批次。组织各地采取应急防治、联防联控、统防统治，累计实施防治 78 亿亩*次，助力打赢“虫口夺粮”攻坚战。

（二）突出种业支撑，加强种业振兴行动支撑保障

一是开展品种区试和登记。审查试验品种 1 万余个（次），复核品种 3 700 多个，验证品种 667 个。启动登记品种清理，首批劝退撤销向日葵品种 322 个，整治“仿种子”问题，净化种业市场。构建展示评价网络，首批认定 60 个国家农作物品种展示评价基地，全国建立展示示范点 4 000 多个，展示示范品种 8 万多个（次），组织各类观摩活动 3 300 多场次，服务农民看禾选种，促进优良品种推广应用。**二是开展种子检验和监督抽查。**全国种子质量监督抽查样品 5.4 万个，检查制种基地 775 万亩，开展品种真实性和转基因检测、纯度田间小区种植鉴

* 亩为非法定计量单位，1 亩=1/15 公顷，下同。——编者注

定，检验种子样品 8 万多份。探索建立质量监测机制，持续开展种子质量认证试点，试点种子发芽率提高 2%以上，纯度提高 0.5%以上，种子认证实施模式得到行业认可。统筹构建 34 种作物 SSR 指纹库，基本建成全国统一的品种 DNA 指纹平台。**三是开展种业监测和良种繁育服务。**落实黄淮海地区灾后补种需求等任务，超前预判早稻、冬小麦供种结构性紧缺风险，加强种子供给应急调剂。采集监测信息 85 万条，发布种情通报 6 期、供需分析报告 12 期，编发种业年度发展报告和数据手册。支持组织国家级种业基地认定和制种大县奖励政策实施，开展杂交水稻制种新技术、新装备全程机械化示范推广，做好生物育种产业化应用技术支撑工作。

（三）突出绿色生产，强化重大关键共性技术推广

一是推动化肥农药减量增效。组织实施百名专家联百县科学施肥、百万农民科学安全用药活动，农技推广体系、行业协会和企业联合开展科学施肥用药技术宣传培训 3.9 余万场次，宣传推广效果显著。审核整理测土配方基础数据 532 万条，组织开展新型肥料农药产品、助剂、药械等试验示范和除草剂防效试验 460 多项，建立化肥农药减量和提质增产示范区 200 多个，形成重点作物化肥农药减施增效技术模式 30 多套，示范面积 260 多万亩。**二是推动旱作节水农业技术进步。**集成保水剂替代地膜、生物可降解膜替代地膜等绿色技术，示范推广冬小麦测墒节灌、玉米浅埋滴灌水肥一体化等 10 项旱作节水增粮增效技术模式。以杭锦后旗全域绿色发展为试点，围绕节水、控肥、控膜、减药、盐碱地改良和土地整治，开展全域种植业绿色生产试验示范 41 项，探索 8 套技术路径模式，支撑服务黄河流域种植业绿色高质量发展。推动 60 个县整建制推进节水增粮增效示范，辐射带动种植面积 5 000 多万亩。**三是推动病虫害绿色防控与统防统治。**推进“绿色防控示范县”和“统防统治百强县”创建，建设绿色防控全程模式集成示范区 20 个，集成示范全程绿色防控技术模式 30 多套，示范面积 200 万亩以上，辐射推广 2 000 万亩以上。组织开展“三棵菜”用药基数调查，组织国家救灾储备农药投放，开展植保无人机联合试验，推进农药包装废弃物回收处理等重点工作，强化粮食安全与生态安全技术支撑。2021 年，病虫害绿色防控覆盖率达 46.0%，统防统治覆盖率达 42.4%。

（四）围绕引领体系，打造农业技术集成创新平台

一是创设国家农业技术集成创新中心。围绕落实藏粮于技战略，紧盯世界农业发展前沿，聚焦解决种植业生产制约难题。以技术集成创新为核心，开展先进技术的验证筛选、综合评价、集成熟化、示范推广，打造全域全程全要素的技术融合平台。**二是加强种植业体系建设。**推动出台《关于加强基层动植物疫病防控体系建设的意见》。持续深化基层农技推广机构星级服务创建，将创建范围扩大到县，遴选推荐 50 个全国星级基层农技推广机构和 58 个星级农业科技社会化服务组织，加强典型宣传，发挥引领示范作用。**三是引领种植业行业发展。**审查发布种植业和种业行业标准 79 项，修订《农业技术员》国家职业技能标准，持续开展种子检验机构、肥料化验室检测能力验证，夯实基础提升技术支撑和服务能力。创新形式组织“我为中国茶代言”微视频大赛和首届“全国绿色园艺新模式新技术新产品短视频学习交流活动”，宣传绿色发展成效，推动种植业高质量发展。

畜　牧　业

2021年，全国畜牧业技术推广体系按照“保供固安全，振兴畅循环”的工作定位，围绕中心、服务大局，聚焦主责主业，主动担当作为，持续推进畜牧业高质量发展，为保障生猪等主要畜产品稳定供给、畜禽种业振兴、畜牧业转型升级等重点工作发挥重要支撑作用。

（一）强基固本，全力支撑畜产品稳产保供

一是加强监测预警。进一步提升生猪等畜种的生产和市场监测预警体系建设水平，持续完善“养殖场直联直报”信息平台，对全国近18万个生猪规模养殖场实现全覆盖、全口径监测。结合400个定点监测县散养户监测，紧盯生猪和能繁母猪存出栏及价格变化，每月采集处理数据量超过300万条，及时准确掌握生猪生产和供应情况。建立生猪等畜禽生产信息发布制度，编发畜产品和饲料价格信息周报，引导养殖场（户）合理安排生产，更好适应市场形势变化。强化畜牧业生产形势分析，每月开展生产形势会商，解读产销形势，为加强行业宏观管理提供了有力支撑。**二是力促稳产保供。**积极推动《关于促进生猪产业持续健康发展的意见》等政策落实落地。紧扣稳定生猪生产、促进牛羊增量提质和特色产业发展等主题，举办畜牧养殖系列实用技术“云课堂”，为广大养殖场户答疑解惑。配合制定《推进肉牛肉羊生产发展五年行动方案》，推动实施肉牛肉羊增量提质行动。依托各级技术推广体系开展生猪全产业链损耗情况调查研究，为完善生猪产业发展政策、保障畜产品供给安全提供依据。**三是助推奶业振兴。**协助制定《“十四五”奶业竞争力提升行动方案》，加大奶业政策支持力度。生产发放7批次1 690套奶牛生产性能测定标准物质，组织全国1 279个牧场对129.5万头奶牛开展性能测定，推广选种选配和精准饲养技术，推进奶牛生产水平提升。编印《奶牛养殖节本增效典型案例》等技术手册，引导从业者进一步提高奶业质量效益竞争力。组织开展第四批奶业休闲观光牧场推介，制作《一起玩转休闲观光牧场》等科普宣传片，在光明网首页、新华网、经济网及多个行业媒体播出，累计观看人数达300万人次。开展奶农发展乳制品加工政策实践与探索研究，征集推介创新模式和典型案例，培育奶业发展新动能。

（二）尽锐出战，全力以赴推进种业振兴

一是快速推进畜禽遗传资源面上普查。全面启动新中国成立以来规模最大、覆盖面最广的畜禽种质资源普查。坚持“一张图作业”，开发全国畜禽遗传资源普查信息系统，配套研发数字化品种名录，建立月报制度，大力推进普查进度。各级体系开展技术培训与指导，累计达300余万人次。当年，全国62.49万个行政村普查率达98.9%，实现了区域和畜种“两个全覆盖”，基本摸清品种状况和区域分布。开展青藏高原区域重点调查，发掘鉴定查吾拉牦牛、阿旺绵羊等珍贵稀有新资源18个，重新发现前两次调查已灭绝的上海水牛、中山麻鸭、黑河马等3个品种。**二是大力推进畜禽遗传改良。**启动实施新一轮全国畜禽遗传改良计划，组建咨询委员会和6个畜种专家委员会，开展大规模畜禽生产性能测定和遗传评估，启动新一批国家级核心育种场（站）遴选工作。积极参与畜禽种业创新战略和畜禽种业企业阵型研究。深入实施畜禽良种联合攻关计划，推动我国自主培育的“圣泽901”等3个白羽肉鸡新品种通过国家审定，种源卡脖子技术攻

关取得重大突破。**三是持续推进畜禽饲草遗传资源保护。**完成舟山牛、保山猪、茶花鸡等 32 个畜禽品种 20.78 万份遗传材料的制作。我国国家级家畜基因库共保存 371 个品种 120 万份种质资源，已超过美国，跃居世界首位。对国家级畜禽遗传资源保护单位开展重新审核与增补，国家级畜禽遗传资源保种场、保护区、基因库已达 205 个。启动实施畜禽种质资源精准鉴定项目，提升畜禽遗传资源管理信息化水平。组织全国 9 个部（省）级检测机构，完成 303 头种公猪生产性能测定、273 头种猪常温精液质量检测、223 头牛冷冻精液和 75 头种公牛个体识别检测。入库保存饲草种质资源达到 6.26 万份，保有总量居世界第二；向中国农业大学等科研院所及技术推广单位分发共享种质材料 488 份，促进种质资源鉴定评价与创新利用。**四是做好饲草种子管理。**积极推动《饲草种子管理办法》制修订，继续实施国家草品种区域试验项目，完成 21 个草品种材料区域试验任务，新增 32 个草品种材料进入区域试验系统，审定登记新草品种 15 个，推动国产优质草种供给能力提升。开展草种质量监测，获取 1 085 批次的主要饲草种子监测样品信息。

（三）多措并举，稳步推动畜牧业提档升级

一是加速新饲料产品评审上市。积极开展咨询服务，优化技术评审流程和完善评价方法，出台《直接饲喂微生物和发酵制品生产菌株鉴定及其安全性评价指南》，努力提高申报和评审效率。评审通过了碱式氯化锰等 3 个新饲料添加剂和首个新饲料原料——乙醇梭菌蛋白，增补、扩项 3 个饲料和饲料添加剂品种，促进新饲料资源开发利用和行业技术创新。**二是大力发展现代草牧业。**配合实施第三轮草原生态补助奖励政策，开展培训调研宣传，做好补奖信息系统运维和数据审核，开展政策效益评价和信息核查，推进政策落实。开展黄河流域、农牧交错带和南方草地畜牧业草牧业高质量发展技术集成和模式提炼。推进“粮改饲—优质青贮”行动，总结推介粮改饲典型经验，发布年度中国全株玉米青贮质量安全报告，推进草牧业健康发展。**三是持续优化标准供给。**围绕农业结构调整、畜禽废弃物利用、种业振兴和饲料禁抗减抗等中心任务，全年新立项标准 68 项，审查标准 61 项，报批标准 55 项，发布标准 35 项，标准体系更趋完善。截至 2021 年底，畜牧饲料现行有效标准总量达到 1 117 项，其中国家标准 523 项、行业标准 594 项。**四是深入开展标准化示范创建。**遴选出 193 个畜禽标准化示范养殖场，引领全行业不断提升生产水平；结合创建活动，总结提炼了 30 个“以大带小”典型案例，增强示范带动效应。**五是积极推介主推技术和引领性技术。**全国畜牧业技术推广体系推荐的“全株玉米青贮质量评价技术”“奶牛精准饲养技术”“优质苜蓿青贮加工与饲喂利用技术”等入选 2021 年农业农村部农业主推技术，“苜蓿套种青贮玉米高效生产技术”入选 2021 年重大引领性技术，推动产业提质增效和转型升级。

（四）科技引领，持续推动畜牧业绿色循环发展

一是扎实推进畜禽粪污资源化利用。依托全国技术推广体系，在重庆、河南、海南等省份开展畜禽粪污资源化利用项目第三方评估，实地检查养殖场 120 个。制定《规范畜禽粪污处理降低养分损失技术指导意见》，提炼推介畜禽粪污还田典型案例 18 个，引导养殖场户提升利用水平，着力构建农牧循环发展的新型种养关系。**二是积极推动玉米豆粕减量替代和饲料停抗替代。**开展玉米豆粕减量替代关键技术集成与示范宣传，线上培训近 50 万人次。发出“推进玉米豆粕减量

替代，共同维护饲料粮供给安全”倡议，倡导饲料配方多元化。集成饲料停抗替代技术，起草《饲料停抗替代提质提效综合技术方案》和《项目示范企业应用技术规程》。**三是大力推广高效低蛋白日粮技术。**制定《仔猪、生长育肥猪配合饲料》和《产蛋鸡和肉鸡配合饲料》等国家标准，推进精准配料、精准用料，引领企业节本降耗和绿色发展，推动畜牧业向“资源节约、环境友好”方向迈进。

渔　业

2021年，渔业技术体系贯彻党中央和部党组的部署要求，以推动渔业高质量发展为主题，以保障国家粮食安全和水产品有效供给为目标，以推进渔业科技创新和推广服务为手段，积极促进渔业转型升级、提升质量效益、保障健康安全、实现绿色发展，为“十四五”渔业现代化建设开好局、起好步提供了有力支撑，为推进乡村振兴和农业农村现代化作出了新的贡献。

（一）做好三件要事，为渔业重点工作提供技术支撑

一是积极参与渔业行业种业振兴行动。参与制定实施《种业振兴行动方案》渔业水产部分内容，组织全国水产养殖种质资源基本情况普查，编制《第一次全国水产养殖种质资源普查操作手册（试行）》等10余项普查技术规范，开展2万人次技术培训，组织200多名专家开展普查数据核查等技术指导工作。截至2021年底，全国已完成普查主体90余万个，全国基本情况普查完成率100%，较好完成目标任务。**二是为实施长江十年禁渔提供技术支撑。**启动《长江流域珍贵濒危物种栖息地生境修复规划（2022—2026）》编制工作。收集整理珍贵濒危和长江水生生物基线信息，采集了134个物种近2万张图像资料，组织编写物种基线百科信息400多个。组织参与长江禁捕退捕工作督导检查。**三是服务水产品稳产保供。**组织起草《强降雨天气水产养殖防灾减灾技术措施》《冬季恶劣天气水产养殖灾害预防指引》，举办4次专家线上直播讲堂，指导渔民应对恶劣天气，稳定养殖生产辐射渔民数十万人次。优化“鱼病远诊网”服务方式，搭建29个省级服务平台。落实水产品稳产保供任务，调度水产品生产、贸易情况，为决策提供基础数据支撑。

（二）实施“五大行动”，深入推进水产绿色健康养殖

一是做好顶层设计。推动将“五大行动”相关内容列入“十四五”全国渔业发展规划和水产技术推广工作规划，农业农村部办公厅印发《关于实施水产绿色健康养殖技术推广“五大行动”的通知》。制定年度实施方案，在江苏苏州召开“五大行动”集中研讨活动和现场观摩推进会，推动工作贯彻落实。**二是夯实技术推广工作基础。**制定《水产绿色健康养殖技术推广“五大行动”骨干基地认定管理办法（试行）》，推动骨干基地管理系统优化升级，开展2020年度骨干基地行动扩增和2021年度骨干基地遴选，2021年共遴选骨干基地985个，示范面积492.67万亩。完成65个“2021年国家级水产健康养殖和生态养殖示范区”复核。开展水产新品种的形式审查和函审33项次，审定通过水产新品种11个。**三是强化技术推广工作。**推荐2项渔业技术列入2021年农业农村部农业主推技术和2021年农业农村部重大引领性技术。“绿色水产养殖典型技

术模式丛书”各分册陆续出版。组织编写《配合饲料替代幼杂鱼行动典型案例》，编制8期工作动态和两期《渔业情况》“五大行动”专刊。组织部省联合调研活动，到湖北等6个渔业大省学习交流。2021年，骨干基地抗生素类兽药使用量同比减少11%，水产养殖用兽药总使用量同比减少7%，配合饲料平均替代率为77%，取得良好成效。

（三）抓好产业促进，推进产业转型升级融合发展

一是稳步推进稻渔综合种养产业发展。报批和发布《稻渔综合种养技术规范》系列标准5项，《稻渔综合种养通用技术要求》国家标准获立项，组织开展《稻渔综合种养“三性”评价》标准研究和草案编写。编制发布《“十三五”中国稻渔综合种养产业发展报告》《中国小龙虾产业发展报告（2021）》。依托中国稻渔综合种养产业协同创新平台，举办第五届全国稻渔综合种养产业高峰论坛暨2021优质渔米评比推介活动，参与活动主体数量创新高。**二是持续推进休闲渔业、大水面生态渔业产业发展。**研究推动开展休闲渔业发展监测工作改革创新，编制发布《中国休闲渔业发展监测报告（2021）》。采取线上线下结合的形式举办第六届中国休闲渔业高峰论坛。组织全国水产技术推广机构开展大水面生态渔业情况摸底调查，开展近海多营养层次综合养殖、水产品加工及冷链产业调研，为推动工作打好基础。**三是组织实施“蓝色粮仓科技创新”项目。**实施国家重点研发计划“蓝色粮仓科技创新”项目，组织开展科研工作，加快技术集成推广应用，为盐碱水养殖等产业发展提供技术支撑。

（四）抓好“三个安全”，服务现代渔业发展

一是扎实推进全国水产养殖病害防控，保障生物安全。组织实施2021年国家水生动物疫病监测计划，指导染疫场扑杀和无害化处理，开展突发疫情流行病学调查和处置。开展全国水产养殖动植物病情测报和预警，监测养殖面积27余万公顷，发布全国和地方预警信息140余篇。举办全国水产苗种产地检疫知识培训班，近9 000名学员取得合格证书。组织全国水生动物防疫系统实验室检测能力验证，206个实验室取得检测结果合格。编撰年度中国水生动物卫生状况报告，编制水生动物防疫系列宣传图册、《中华人民共和国动物防疫法》摘编等多种图册和挂图，制作生物安全保护宣传视频。**二是切实规范用药技术指导和服务，保障质量安全。**制定《水产养殖病害防控和规范用药技术服务工作方案》，24个省份开展规范用药科普下乡活动，发放技术资料60余万份，惠及渔民20万人次。落实《食用农产品“治违禁 控药残 促提升”三年行动方案》部署要求，制定大口黑鲈等四条鱼质量安全管控技术性指导意见，撰写《水产养殖用中草药制剂隐性添加化学药物风险评估报告》。强化水产养殖用投入品监管工作基础，14个省级水产技术推广机构开展药敏试验。编写病原微生物耐药性监测分析报告，为精准用药指导提供参考依据。**三是积极支持水生生物资源养护，保障资源环境安全。**公布海洋牧场团体标准8项，基本建立海洋牧场建设与管理规范体系。完成新一轮人工鱼礁建设项目、国家级海洋牧场示范区评审及已建项目评价复查。组织拍摄国家级海洋牧场示范区建设宣传片，在中央电视台播出。编制增殖放流“十四五”规划，确定区域布局和重点任务。放流10厘米牙鲆鱼苗56万尾、8厘米许氏平鲉鱼苗130万尾。完成第二、三批渔获物定点上岸渔港评审。

农　机　化

2021年，农机化推广体系紧紧围绕农业农村中心工作，以支撑粮食和重要农产品稳产保供为重点，以助推农业机械化转型升级工作为主线，统筹业务工作和疫情防控，积极履职尽责、担当作为，为“十四五”全面推进乡村振兴和加快农业农村现代化开好局、起好步提供了坚强有力的支撑保障。

（一）大力推进粮食机收减损

一是开展机收减损技能大比武。以“精细高效、提质减损”为主题，开展粮食作物机收减损技能大比武800余场。“三夏”期间，8个小麦主产省设立40个分赛区，助推黄淮海地区小麦机收减少损失30亿斤，“双抢”“三秋”期间助推节粮70亿斤。**二是开展机收减损技术大推广。**完善水稻、玉米、小麦机收减损技术指导意见，首次制订大豆机收减损技术指导意见，分行业、分季节研究编制《农机行业粮食减损主要措施》《秋粮机收减损技术指导意见》。通过“线上+线下”方式，广泛开展现场督导、包片指导和技术培训，全国培训机手50万人次，引导机手精细收获。**三是广泛开展机收减损行动大宣传。**举办“降低机收损失 助力粮食安全”专题展和“全程机械化助力粮食安全”专题报告会，中国农业机械化信息网设置“全国粮食机收减损技能大比武”专栏，点击量超过300万次。多平台多途径宣传报道机收减损操作知识和典型事迹，提升“减损就是增产”的公共认识，提高农民收获减损意识。

（二）加快粮食生产机械化技术推广应用

一是推进南方双季稻机械化技术应用。编制《南方双季稻抢收抢种机械化生产技术指导意见》，开展对比试验和综合测评，遴选推广典型技术模式，做好水稻大钵体毯状苗机械化育插秧技术集成示范。**二是推进实施东北黑土地保护性耕作行动。**优化东北黑土地保护性耕作行动计划技术指引，编制保护性耕作固碳技术模式，加强冬小麦保护性耕作技术推广，加强黄河流域、西北旱作区等重点区域保护性耕作技术推广应用。**三是推进玉米大豆带状复合种植机械化技术集成推广。**深入开展行业调研交流，组织举办玉米大豆带状复合机械化生产技术培训，做好玉米大豆带状复合种植技术机械化生产配套措施技术推广。

（三）抓紧抓实重要农时粮食机械化生产

一是强化技术培训。中国农业机械化信息网和中国农机推广网等平台设立早稻生产机械化、春耕农机线上服务站等线上专栏，遴选发布40个实用技能培训课件，引导机手开展农机故障远程诊断，强化机手操作技能。**二是完善减灾措施。**落实重要农时机械化生产应急预案，编报主要农时机械化生产进展情况38期。针对黄淮海地区连续阴雨，制定《2021年冬小麦抗湿应变机械化播种技术指引》，防范冬季极端恶劣天气，制定《冬季蔬菜稳产保供机械化生产技术指导意见》。**三是做好技术指导。**围绕重要农时机械化生产、湿地玉米抢收、小麦秋冬种等重点任务，组织农技人员包片指导，深入农机大户、农机专业合作社开展技术指导和服务。

（四）统筹农机化技术推广和主要农作物全程机械化

一是推进主要农作物全程机械化。编制《黄淮海夏大豆高质低损机械化收获技术》《南方稻区再生稻全程机械化生产模式》《大钵体毯状苗机械化育插秧技术要点》等，提出全程机械化解决方案。遴选推荐2021年主要农作物生产全程机械化示范县。**二是强化经济作物机械化技术推广。**开展油菜和蔬菜直播、移栽、收获等全程机械化现场演示培训，开展国产采棉机作业性能、蔬菜全程机械化作业效果等综合测评，验证关键性能指标和全程机械化技术模式，编制《夏花生免膜播种绿色机械化生产技术》《甘蓝类蔬菜全程机械化生产技术》《黄河流域棉花生产全程机械化增产技术》。**三是强化畜禽养殖机械化技术推广。**编制《生猪养殖机械化防疫技术》《玉米全株青贮裹包机械化技术》，制定发布《中小规模养猪场成套设备基本配置》《生猪规模化养殖设施装备配置技术规范》等行业和团体标准，制定《规模养殖机械化示范区（县）评价指标体系》并在12个省份开展试点探索，推进生猪等六大畜种和池塘等四大养殖类型机械化高质量发展。**四是强化智能农机产品推广应用。**推动基于北斗的智能农机产品扩大供应，补助农机远程运维终端19.62万台，带动各地推广农机北斗终端30万台以上，初步实现大田种植智能农机的系列化、全程化应用。组织开展基于北斗的农机作业技术应用场景示范，打造精准农业示范案例。**五是强化动力机械和加工设施机械等技术推广。**首次启动拖拉机先进性评价，遴选发布16个设施种植机械化典型案例和34个设施种植机械化重点技术推广产品，优先开展免耕播种、经济作物、生猪生产等农机装备试验鉴定，全力支撑农业稳产保供，促进设施种植机械化高质量发展。

兽 医 行 业

2021年，全国兽医系统履行维护畜牧业生产安全和动物产品安全职责，以非洲猪瘟常态化防控、动物疫病净化和无纸化出具动物检疫合格证明等工作为重点，各级兽医机构和技术人员扎实开展兽医技术推广和服务，为保障畜牧生产和公共卫生发挥重要支撑作用。

（一）扎实推广非洲猪瘟常态化防控技术

一是强化消毒灭源。印发技术指导意见，组织开展“大清洗、大消毒”专项行动，强化条件保障、扎实推进工作，确保清洗消毒落实落细。**二是做好监测工作。**组织规模养殖场非洲猪瘟入场监测，持续开展重点区域和场点定点采样，针对无害化处理厂、生猪运输车辆等重点环节开展专项监测，及时掌握疫情风险和动态。**三是加强技术指导。**编印《雨季养殖场户非洲猪瘟防控技术指南》《养殖场非洲猪瘟病毒变异株防控技术指南》，指导关键时期和重点环节非洲猪瘟防控工作。通过多种方式为企业培训检测技术，组织开展非洲猪瘟检测能力比对活动，指导养殖场户建设洗消中心。2021年全国报告发生15起非洲猪瘟疫情，扑杀生猪4 529头，与非洲猪瘟传入我国的头两年2018年、2019年相比，疫情报告数与扑杀生猪数均大幅下降，生猪生产恢复到正常年份水平，非洲猪瘟防控取得较好成效。

（二）组织做好动物疫病常态化防控

一是加强疫病防控示范培训。抓好口蹄疫、高致病性禽流感、小反刍兽疫等疫病的防控工作，开展家畜血吸虫病综合防控技术集成与示范推广，开展家畜血吸虫病监测和农业综合治理。充分运用信息化手段开展多种形式的业务培训，通过农广校“两网一端”远程培训系统，面向全国举办非洲猪瘟防控、动物疫病净化等技术讲堂，培训辐射面30余万人。**二是做好技术指导服务。**印发《动物疫病净化场评估管理指南》《动物疫病净化场评估技术规范》，推广应用风险识别与评估技术、疫病传播风险控制技术、疫病监测技术、净化状态评估技术等疫病净化核心技术。各地兽医技术推广人员深入基层开展技术培训，指导养殖主体夯实免疫屏障，强化免疫效果评价，全力做好重大动物疫病强制免疫工作。2021年重大动物疫情整体平稳，家畜血吸虫疫情维持历史最低水平。**三是加快动物疫病防控体系建设。**宣传贯彻2021年修订《中华人民共和国动物防疫法》，推动我国动物防疫工作全面升级，落实“净化消灭”纳入动物防疫具体要求。完善动物疫病区域净化评价体系，印制《生猪主要疫病净化示范区现场审查评分表评分要素释义（试行）》《动物疫病净化示范区评估手册》，指导各地开展区域净化工作，第一批55个国家级动物疫病净化场顺利通过评估。以种畜禽场为单位建立生物安全体系，制定净化技术方案，从生产源头上控制疫病传播。

（三）加快动物检疫无纸化推广应用

一是加强无纸化技术规范化与系统建设。明确无纸化检疫证明样式、检疫证明二维码编码规则、数据查询交互流程、查询接口清单等。按照便捷高效、实用规范原则，调整省级检疫证明电子出证系统，优化完善线上申报检疫、线上受理审核、检疫证明核销回收和落地反馈等功能。**二是试点无纸化出具动物检疫合格证明。**在往年以“牧运通”软件为载体组织河北、江苏等6个省份开展无纸化出具动物检疫合格证明试点工作基础上，2021年新增吉林、浙江、青海、广西等11个试点省份，加强典型经验交流和宣传，推广动物检疫信息化从检疫申报到落地报告全链条的应用。**三是推广使用动物检疫电子出证系统。**为养殖场户建立电子养殖档案，实现畜禽数据自动统计和养殖场户线上检疫管理全流程功能。养殖档案、检疫申报出证、运输备案、落地反馈等环节信息进行关联，实现信息相互衔接印证，做到生产数与出栏数可追溯、畜禽运输可追溯、畜禽去向可追溯，全面实现动物检疫信息可追溯化管理，动物检疫监督工作和养殖场户生产管理效率有效提升。

农　垦

2021年，农垦体系深入学习贯彻习近平新时代中国特色社会主义思想，以推进农垦农业高质量发展为主线，紧抓两个“要害”，强化绿色导向，推动种业振兴和农垦粮食丰收，积极发挥农垦农业技术推广平台作用，助力建设现代农业大基地、大企业、大产业，努力打造“农业领域航母”，实现农垦现代农业建设示范引领新作为。

（一）围绕稳产保供，推动粮食丰产丰收

一是提升农情信息管理水平。根据农时季节、雨情墒情和决策参考需要，进一步完善农情调度制度，优化农情指标体系。举办农情信息管理培训，对31个垦区信息员进行培训，理顺农情调度渠道，健全工作队伍。**二是抓好农业防灾减灾督导。**组织赴广东广西开展防汛抗旱督导检

查，排查影响灌溉水库主体功能发挥隐患，赴重庆市开展农业防灾减灾夺丰收调研督导，及时调度掌握河南、江苏、浙江等垦区暴雨洪涝受灾情况，指导防灾减灾工作，报送农业生产情况供有关部门决策参考。**三是组织开展农业生产调研。**组织江苏、安徽、河南、湖北、内蒙古等垦区调研粮食生产情况，总结农垦夏粮和秋粮生产情况。秋收完成后及时调度秋整地和秋冬种情况，研判农垦粮食生产形势。2021年，全国农垦粮食增产超过35亿斤，实现高位连丰。

（二）瞄准种子“要害”，服务种业提档升级

一是加强农垦种业行业交流。指导中国农垦种业联盟工作，举办中国种子大会农垦种业论坛，研讨农垦种业“十四五”发展思路和重点任务，加快研究推动海南自由贸易港政策运用、南繁科研育种基地建设以及农垦种业商业化育种体系构建等重点工作。**二是加强农垦种业发展研究。**与中国农业科学院农业经济与发展研究所、安徽省农业科学院合作开展农垦农作物种业发展重点问题研究，组织开展农垦规模化猪场养殖、生猪种业发展问卷调研，赴头部种子企业开展调研，加快推进农垦农作物种业商业化育种体系建设研究。**三是加强农垦畜牧种业技术支撑。**加强农垦乳业重点工作调研指导，组织编写《农垦生猪产业发展报告》，与农垦生猪、奶牛育种企业合作，深入研究农垦生猪、乳业种业发展方向，积极探索打造联合育种平台。

（三）聚焦农业现代化，加快农业机械化智能化

一是推动技术交流。举办农垦智慧农场发展及高端农机智能装备演示交流活动，宣讲智慧农业解决方案，演示新技术、展示新机具，推动垦区技术需求单位与智能装备企业合作。**二是加强农机智能化研究应用。**与黑龙江省八一农垦大学工程学院等8个农业科研院校合作开展北斗导航系统在农机智能化上的应用研究，组织现场技术调研指导，为推动相关领域发展提出政策建议。**三是达成战略合作。**中国农垦经济发展中心与中国农业机械流通协会达成战略合作，在农业机械化技术推广应用等方面开展工作，共同推动农垦系统农业机械化水平提升。

（四）夯实工作基础，助力农业技术推广

一是组织人员培训。根据农垦生产技术需求，适时举办夏粮生产和小麦绿色优质高效技术模式提升观摩交流培训，组织饲草高效利用与养殖社会化服务研讨。探索远程教育培训方式，培养建设专业化农垦农业技术推广人才队伍，提升技术推广服务能力。**二是加强基层体系建设。**加强机构建设与业务工作交流，多渠道宣传三农政策与技术成果，推介发布典型案例。15个机构被评为全国星级基层农技推广机构，2个单位被评为星级农业科技社会化服务组织，为农垦系统树立标杆。**三是强化政策支持。**针对粮食和大豆油料生产能力提升、种植业高质量发展、农产品冷链物流体系建设等“十四五”规划中的重点内容，加强农垦技术推广相关政策意见建议被采纳，为下一步工作提供政策支持。

第二篇

农技推广补助项目

2021 年度基层农技推广体系改革与建设补助项目实施情况

一、总体情况

2021 年，中央财政投入 29 亿元，支持全国 31 个省（自治区、直辖市）、3 个计划单列市和 2 个直属垦区实施全国基层农技推广体系改革与建设补助项目（以下简称“补助项目”）。农业农村部会同各地农业农村部门全面贯彻落实党的十九大和十九届二中、三中、四中、五中、六中全会精神，认真贯彻落实中央 1 号文件部署和中央农村工作会议精神，立足项目年度目标要求，直面疫情、灾情双重挑战，聚焦支撑脱贫地区与乡村振兴有效衔接、提升农技推广服务效能、加快先进适用技术落地应用三大重点任务，创新项目实施工作机制，集聚农业科技创新资源，累计培训基层农技人员 16.35 万人次，其中农技推广骨干人才 1.99 万人次，建设农业科技试验示范基地 6 402 个，培育 38.3 万个农业科技示范主体，并依托基地和主体示范推广了 2.48 万项次主推技术，在脱贫地区及其他有需要地区招募特聘农技员 5 427 人，生猪大县、牛羊大县招募特聘动物防疫员 6 674 人，在内蒙古、吉林等 12 个省份开展农业重大技术协同推广计划，组建了 119 支协同推广专家团队，累计推广重大新品种 703 个，重大新技术 476 项，建设了 1 246 个协同推广基地，带动了 4 420 个经营主体发展，为全面推进乡村振兴、加快农业农村现代化提供了有力科技支撑和人才保障。

二、主要做法

2021 年，农业农村部会同地方农业农村部门，紧紧围绕确保国家粮食安全和重要农副产品有效供给、推动脱贫地区与乡村振兴有效衔接等重点工作，在保障基本“全覆盖”的基础上，重点支持实施意愿强、任务完成效果好的农业县（市、区），并适度向脱贫地区倾斜，准确及时调度项目实施进展和成效，完善项目组织管理和绩效评价机制，确保了项目年度任务稳步推进、有效落实。

（一）加强顶层设计，统筹协调推进

统筹兼顾政策延续性和“大专项＋任务清单”项目管理要求，重点围绕巩固拓展脱贫攻坚成果同乡村振兴有效衔接、农业高质量发展等国家重大战略目标和三农发展需求，加强顶层设计，健全工作组织协调机制，明确规范管理要求，加强实施进展调度，保障项目实施效果。**一是聚焦接续乡村振兴，加大特聘计划实施力度。**在脱贫县及其他有需要地区，围绕优势特色产业发展需求招募特聘农技员和特聘动物防疫员，强化特聘队伍管理、考核机制，推动脱贫户平稳迈向致富

道路。**二是聚焦乡村振兴，加大重大技术推广。**优化主推技术遴选推介机制，高标准建设一批农业科技示范载体，推广一批符合稳粮增产、地力提升、土壤改良等需求的先进适用技术，构建“专家＋农技人员＋示范基地＋示范主体＋辐射带动户”的链式推广服务模式，加快先进技术进村入户到田。**三是聚焦体系改革创新，激发多元主体活力。**统筹整合各类优势培训资源，立足关键少数、提升实效，完善农技人员分级分类培训机制。从农业科技服务公司、专业服务组织及科技服务能力较强的农民合作社、家庭农场等主体中选强培优农业科技社会化服务力量，承担公益性农业科技服务；通过公开招标、定向委托等方式搭建社会化科技服务平台，构建“产学研推用”利益联结机制，提供个性化、精准化和全方位的指导服务。

（二）严格绩效管理，提升实施成效

完善补助项目绩效管理机制，优化绩效考评指标体系，加大信息化绩效管理力度，发挥省级项目管理人员在绩效评价中的作用，结合信息化数据调度、日常调研、工作督导等，实现绩效考评“全覆盖”。**一是信息化调度＋实地核查＋年度集中评价相结合，推进全过程绩效评价。**在项目实施不同阶段，围绕项目年度重点任务、特色亮点工作等，通过信息化数据调度、实地核查、集中考评等方式进行全过程绩效评价。项目关键节点，通过数据调度、数据统计等，实时掌握项目进展成效；项目实施期间，赴11个省20余个项目县进行实地考评，挖掘总结项目实施典型亮点；项目实施末期，通过腾讯会议组织开展集中绩效评价，中国农技推广App全程直播。**二是依托中国农技推广信息服务平台，实现全程化精准化绩效管理。**依托中国农技推广信息服务平台“补助项目”“基地云图”“体系社区”等信息管理模块，通过每日审核工作动态、每周调度进展、每月统计分析填报情况，督促各地区及时高效展示补助项目实施成效，实现全程化精准化绩效管理。**三是构建定性＋定量结合考评指标体系，推进项目高质量实施。**拓展和延伸绩效管理实施范围，分四个阶段开展补助项目绩效考评工作，构建差异化评价指标体系，既全面又有所侧重地对补助项目实施效果进行绩效管理。

（三）选树先进典型，扩大影响力度

充分挖掘补助项目实施中的典型做法和成功经验，总结可复制可推广的模式，通过现场观摩、典型交流、集中讨论等方式进行展示交流，运用网络、报纸、电视等多渠道进行推介宣传，针对在抗击新冠疫情、助力防灾减灾、服务乡村振兴中涌现出的典型人物和先进事迹，发挥典型引领和先锋模范作用，为补助项目实施和农技推广体系建设营造良好环境，促进科技成果转化应用。**一是遴选推介优秀农技人员进行表彰奖励。**农业农村部组织开展“全国十佳农技推广标兵”“互联网＋农技推广”服务之星评选活动；各地从基层农技推广队伍中，挖掘和宣传了一批敬业奉献、勇于担当、业绩突出的典型人物。**二是多渠道多形式宣传补助项目进展成效。**借助互联网、报纸杂志、广播电视等媒体，跟踪报道农技人员先进事迹，及时宣传项目实施中的典型经验，展示农技人员的良好社会形象，营造良好的社会关心支持环境。**三是优化中国农技推广信息服务平台管理功能。**围绕农技推广体系管理需要，完善中国农技推广信息服务平台数据库，指导各地及时填报农技推广机构和农技人员基本情况，梳理机构改革后基层农技推广机构及人员变化情况，为农技推广体系建设及补助项目组织实施提供基础数据支撑。

三、实施成效

通过 2021 年补助项目实施，切实提升了农技推广服务效能，强化了公益性农技推广机构的主责履行，培育壮大了一批农业科技社会化服务组织，加快推进了信息化服务手段的普及和应用，完善了“一主多元”农技推广体系，强化了农技推广服务的公益性、专业化、社会化、市场化属性，为全面推进乡村振兴、加快农业农村现代化作出了积极贡献。

（一）优化先进适用技术推广方式方法，一大批绿色高效技术和模式深入田间地头，为推动特色产业高质量发展提供了科技支撑

围绕保障国家粮食安全和重要农副产品有效供给，进一步完善部抓引领性技术集成示范、省抓区域重大技术协同推广、县抓主推技术落地应用的立体化格局，推动了一大批优质高效、绿色安全的技术模式展示应用。**一是发挥引领性技术的重大带动作用。**遴选发布稻麦绿色丰产“无人化”栽培技术、蔬菜流水线贴接法高效嫁接育苗技术等 10 项重大引领性技术，每项技术组建 1 支技术集成示范团队，建设 2 个以上示范展示基地，组织开展形式多样、影响广泛的现场观摩、技术培训等活动，推动引领性技术大范围推广应用。**二是扩大农业重大技术协同推广计划实施范围。**新增山西、黑龙江、重庆、青海等 4 个省份实施农业重大技术协同推广计划，统筹省级现代农业产业技术体系、科技创新联盟等科技资源，以产业重大需求为导向，以重大技术为牵引，完善政产学研推用“六位一体”协同推广模式，形成农技推广服务强大合力，为协同推广计划向全国范围实施创造条件。**三是推进农业主推技术落地见效。**完善部省县三级主推技术遴选推介机制，部、省主推技术强化引领带动作用，县级主推技术重在落地落实。2021 年，部级向社会遴选发布 114 项主推技术，各地结合农业主导特色产业发展要求和生产经营技术需求，围绕绿色生态、节本增效、优质安全等内容，推广示范了 2.48 万项（次）主推技术，组建主推技术指导团队，构建“专家＋农技人员＋示范基地＋示范主体＋辐射带动户”的链式推广服务模式，充分发挥示范基地和示范主体的辐射带动作用，加快技术进村入户到田。

（二）打造多层级精准化科研展示和成果转化载体，构建有机运行、迭代升级新机制，为科技生产、集成示范、培训推广有机结合提供了平台支撑

依托 110 个国家现代农业科技示范展示基地、6 000 个左右的县域农业科技示范基地和 1 个功能完备、响应高效、运行稳定的信息化服务平台，扎实开展技术示范、实训观摩和农民培训等活动，加快推动主推技术落地应用。**一是发挥国家基地示范引领作用。**补助项目支持建设了 110 个国家现代农业科技示范展示基地，立足主导产业发展需要，完善市场导向的产业发展带动机制和利益联结机制，开展科研试验、技术集成、成果转化、实训观摩等活动，带动周边新型经营主体和农户共同发展。云南把国家基地认定为农技人员实训基地，累计组织 1 254 名基层农技人员到基地参观学习；贵州组织省级产业技术体系专家直接对接国家基地，联合开展课题研究、成果展示等活动，引领产业发展。**二是夯实县域科技示范展示平台。**聚焦项目县优势特色产业技术需求，建设了 6 402 个示范推广到位、培训指导到位、产业引领到位的农业科技示范展示基地，示范展示年度当地主推技术，组织农技人员赴基地进行技术指导服务，开展农民教育培训、现场观

摩等活动，加快先进技术的示范展示和推广应用。**三是信息化手段赋能科技服务便捷高效。**推动中国农技推广信息服务平台迭代升级，拓展服务内容，丰富数据统计功能，建立健全农技推广机构和人员基础数据库，高效支撑农技推广体系管理工作。完善展示示范功能，结合农时需要开设科技在春·“三下乡”、全力备战“三夏”、科技在秋、科技服务助力防灾减灾等六大跨时空、全天候的科技服务专题，推动专家、农技人员和服务对象在线学习、互动交流，为农技服务智能化提供了载体支撑。

（三）全面推进农技服务特聘计划实施，一批经验丰富、联农带农作用突出的土专家田秀才扎根基层，为助推产业发展、脱贫攻坚与乡村振兴有效衔接提供了服务支撑

在脱贫地区、生猪牛羊养殖大县，全面实施农技服务特聘计划，全年从土专家、田秀才、新型经营主体技术骨干等人员中招募特聘农技员 5 427 人、特聘动物防疫员 6 674 人，他们提供了大量精准实用的技术服务，推动了技术服务与产业发展、农民增收有机结合。**一是探索形成特聘计划工作机制。**依托补助项目实施，指导各地制定完善实施办法，规范招募程序和服务协议或服务合同，明确服务内容和考核标准，提升特聘农技员服务效能。四川在特聘农技员管理上，实行县聘县管、县聘乡用等模式，工作成绩优秀优先续聘，不合格的随时淘汰；陕西探索了澄城县“精选、实干、严管”工作机制，眉县技术指导、农资配送、资金赊欠、果品销售“四托管”的服务模式等，推动特聘计划取得实效。**二是构建长效脱贫服务机制。**各地以补助项目为载体，主动找准脱贫服务政策着力点、返贫产业风险点，组建包村联户工作队，在脱贫地区广泛宣传强农惠农富农政策，开展技术指导和人员培训，为脱贫地区产业发展提供精准指导，巩固了脱贫攻坚成果同乡村振兴有效衔接。重庆推行“分镇包片”“挂钩联系”“进村帮扶”等包村联户服务机制，组建农技服务专家组，开展技术指导服务；黑龙江成立特色产业技术专家队伍，对接包扶周边农户，提供精准技术指导。**三是完善农技服务乡村振兴机制。**集聚科研、教学、推广、农业企业等多元力量，围绕乡村振兴重点帮扶地区农业特色优势产业和主导产业发展开展定点结对帮扶，为脱贫户提供技术培训、科技指导，提高农产品质量和竞争力。广东组建农技服务“轻骑兵”，与多地驻镇帮扶工作队协同提供农技服务，推广主推技术 100 多项，培训农民近 3 000 人；四川开展“科技下乡万里行”活动，跨单位、跨层级、跨领域优选 599 名专家，组建 119 个专家服务团，对脱贫县开展定点科技服务。

（四）紧盯关键少数，优化农技人员培养机制，农技队伍的综合素质得到了稳步提升，为农业高质量发展提供了人才支撑

一是强化了农技人员知识更新培训。指导各地完善分级分类培训工作机制，采取异地研修、集中办班、现场实训、在线学习、座谈研讨等方式，对 16.35 万名基层农技人员进行知识更新培训。省级在各地严格遴选 1.99 万名农技推广骨干人才，统一组织骨干人才接受不少于 5 天的脱产业务培训，农技推广队伍的知识水平和实操能力不断提升。**二是充实了农技推广储备力量。**支持山西、浙江、福建、江西、湖南、广西、重庆等省份采取“定向招生、定向培养、定向就业”的培养方式，吸引具有较高素质和专业水平的青年人才作为储备人才进入基层农技推广队伍。**三是基层农技推广队伍的学历结构得到优化。**支持福建、广东、湖南等省份基层农技推广队伍中的低学历和非专业农技人员通过在职研修、异地研修等方式，提升学历水平。广东 135 名基层农技

员被华南农业大学成人高等教育校内业余班录取，进入专科、本科层次深造学习；湖南支持291名基层农技人员进行高升专、专升本，支持基层农技推广骨干攻读农业硕士。

（五）探索农技推广体系改革发展新机制，激发基层农技推广活力，为完善“一主多元”农技推广体系提供了有力支撑

一是强化农技推广供给的针对性。江苏、甘肃、新疆等地，因地制宜创设区域性农技推广机构，要求区域性农技推广机构人员不参与乡镇行政任务，全力落实农技推广任务，农技推广服务的专一性和针对性得到有效保障。新疆建设190个村级农业综合服务站，开展农业技术服务、技能培训指导510场（次），辐射23.3万人（次）。**二是壮大了农业科技社会化服务。**各地依托农业科技服务公司及科技服务能力较强的农民合作社、家庭农场等社会化力量承担公益性农技服务，与基层农技推广机构合署办公、共建基地、联合举办活动等，培育了一批农业科技社会化服务典型，为社会提供个性化定制化农技服务。**三是创新公益性推广与经营性服务融合发展机制。**继续支持山西、江西、安徽、四川等地探索公益性推广与经营性服务融合发展模式，引导各地完善增值取酬政策支持机制，出台增值取酬相关文件，激励多名农技人员为新型经营主体提供技术增值服务并合理取酬。江西将推动公益性推广和经营性服务融合发展写入《江西省乡村振兴促进条例》，5个试点县相继出台融合发展实施细则，明确各方权利义务，并报纪检监察、审计等部门备案。据不完全统计，2020年以来，江西省5个试点县71名农技人员与53个农业企业、合作社等主体签订了合作协议，3个农技推广服务综合站与3个企业签订了增值服务协议，为经营主体提供农业技术、品牌创建、市场信息等服务，为服务主体增收560万元，农技人员取酬超57万元。

2021年度补助项目考评优秀地区典型做法

江 西 省

2021年，江西省坚持以问题和目标为导向，大胆创新、锐意进取、狠抓落实，大力实施基层农技推广体系改革与建设补助项目，各项任务取得显著进展。

（一）加强组织管理，高位推进各项任务

调整充实基层农技推广体系改革领导小组，专题研究部署体系改革建设工作，及时制定实施方案、下拨项目资金；多次组织体系改革专项调研，摸清底数、挖掘问题，提出改进举措等；利用电视、广播、报刊、微信等，集中宣传基层农技人员扎根基层、服务三农、创新创业的先进事迹；将农技人员能力提升、主推技术示范推广、农技服务信息化等内容列入省乡村振兴考核和高质量发展考核指标体系，强化项目督导监管。

（二）创新服务机制，探索改革发展模式

坚持“强公益、活经营、促融合”原则，选择资源禀赋各不相同、产业发展各具特色的项目县开展基层农技推广体系改革创新试点。探索个人与主体、机构与主体融合发展模式，通过政府购买服务、定向委托等方式，吸纳新型经营主体参与农技推广工作；各地相继出台融合发展实施细则，签订三方工作协议，明确各方权利义务、服务期限等，服务内容向社会公布，并上报纪检监察、审计等相关部门备案。如玉山县六都乡6位农技员以技术入股方式加盟玉山县达康专业种植合作社，组建玉山县农三强农业服务有限公司，提供机械服务及种植技术指导，服务范围覆盖4个乡镇9.5万多亩水稻种植；宜丰县芳溪镇农技推广综合站为宜丰县芳溪镇芭蕉种养专业合作社提供生产管理、休闲农业开发等增值服务，帮助社员提升种养水平，拓展经营范围，每年合作社净增收入4万多元。

（三）创新培养方式，夯实农技推广人才基础

坚持“争取增量、用好存量”的原则，创新选才、育才、用才的方式，多措并举，发展壮大基层农技推广人才队伍。督促培训机构加强课程体系和培训师资库建设，融合理论教学、现场实训、案例讲解、互动交流等培训方式，培训农技人员3 774人，其中农技骨干630人。近年来，联合编制、教育、人社等部门，采取“定向招生、定向培养、定向就业”的办法新招录174名定向生，向基层一线输送259名基层农技定向生，一定程度上缓解了农技推广部门后继乏人的问题；在61个县全面实施农技推广服务特聘计划，建立了一支由330名特聘农技员、562名特聘动物防疫员组成的技术精湛、视野开阔、示范带动能力较强的编外农技推广人才队伍，为补充基层农技人员不足、促进产业发展发挥了积极作用；继续实施“一村一名大学生工程”，招收和培

养一批“留得住、用得上、干得好、带得动”的农民大学生，打造了一支“不走的土专家队伍”。

（四）创新机构建设，搭建新型推广平台

坚持“目标导向、创新发展、分类设置”原则，启动区域性农技推广机构建设试点工作。采取“1个县农业技术推广中心＋N个区域综合（产业）站”的方式构建县乡两级推广机构，区域站由县级农技推广部门以挂点服务或直接担任区域站负责人，人员以县级农技推广机构人员为主，广泛吸纳乡镇农技人员、特聘农技员、“一村一名大学生工程”优秀学员、高素质农民优秀代表等参与，实行项目制管理，承担县级及以上农业农村行政主管部门和农技推广部门的农技推广任务。2021年启动4个区域性农技推广工作站和60个区域性优势产业协同推广工作站建设，试点工作稳步推进。吉水县于3月在全省率先组建八都区域农技服务工作站，该站现有农技人员6人、乡土专家6人，省级产业技术体系专家团队进驻12人，形成一支专家团队服务一个产业、一个专家指导一个基地的良好局面。瑞昌市组建5个区域性农技推广工作站和4个优势产业协同推广工作站，服务范围覆盖所有乡镇和主导产业。

（五）创新技术推广方式，加快技术进村入户

结合农业主导产业发展要求和农业生产经营者技术需求，省级遴选确定30项主推技术，每项技术配套“三个一”，即一本技术手册、一套简易操作规程、一系列技术明白纸，并录制技术讲解视频，确保可视易学；各项目县遴选发布主推技术911项，通过印发技术手册、明白纸、组织技术观摩培训等，加大主推技术推广应用力度。聚焦县域优势特色产业，建设244个农业科技示范展示基地，构建“专家＋农技人员＋示范基地＋示范主体＋辐射带动户”的链式推广服务模式，展示主推技术647项次，承担各类培训实训276期次，培训人员6 500余人次。扩大农业重大技术协同推广计划实施范围，以“五化”（标准化、可视化、轻简化、适宜机械化、绿色化）和解决产业发展瓶颈为导向，组建技术指导团队，集成熟化重大技术，制定主推技术推广方案，制作专家讲解视频拓展推广辐射范围。

（六）强化现代信息技术引领，拓展农技服务手段

委托农业农村部管理干部学院，承担全省农技推广骨干人员培训班，坚持理论课程与实训学习相结合，提高农技骨干人才的综合素质。围绕农技推广云平台建设、补助项目信息化管理等组织专题培训，提升农技人员业务水平。省级层面建立定时通报制度，每月调度补助项目信息上报情况，利用微信群、工作平台等，对工作进度慢的地区进行通报批评，推动项目实施网络化管理。将补助项目信息平台上传情况和App安装使用情况纳入市、县农技人员年终绩效考核内容，加快农技推广信息化进程。

湖　北　省

2021年，湖北省按照发展壮大农业产业链的安排部署，聚焦强化公益性农技推广机构主责履行，推动农业科技社会化服务发展，打造农业科技示范样板，推广优质绿色高效技术模式，培

育精干专业推广队伍，加快信息化服务手段普及应用，项目实施取得明显成效，为乡村振兴和农业农村现代化提供支撑保障。

（一）抓好深化改革一条主线，强化服务主责提效能

明确公益性服务机构的服务内容，要求各地主要围绕关键适用技术试验示范、动植物疫病监测防控、农产品质量安全技术服务、农业防灾减灾、农业农村生态环境保护等方面，履行好公益性服务职责。省级配套投入资金 2 400 万元，支持阳新等 40 个县乡镇农技推广机构改善办公条件，提高服务效能。在全省范围内组织开展星级基层农技推广机构遴选推介活动，推荐 10 个农技推广机构申报全国星级基层农技推广机构，5 个农技推广机构推介为全国星级基层农技推广机构。实施乡镇农技推广机构规范化建设，要求统一悬挂“中国农技推广”标识，统一制定服务网络图，明确服务对象。将乡镇农技站标准化建设作为新建、改扩建的基层农技推广机构验收标准之一。组织开展基层农技推广机构规范化建设调研，广水、保康等地新建农技推广机构建设规范、标识和网络图齐全，获得了当地群众的好评。

（二）抓好农技特聘两支队伍，提升服务质量增活力

省级遴选 967 名基层农技推广骨干人才，统一组织开展 9 期农技人员骨干培训班，市（州）、县两级农业农村部门组织开展农技人员知识更新培训，累计对 4 169 名农技人员开展了党史学习教育、农业稳粮增产、动植物疫病防控、农业防灾减灾、农业生态环境、农技推广信息化等方面的培训学习，提高了农技队伍的能力素质。继续在 37 个脱贫县、43 个生猪大县全面实施特聘计划，遴选 86 名特聘动物防疫员和 149 名特聘农技员。省级对实施县主要从建立特聘农技员的遴选机制和规范管理上着手，同时鼓励有条件的县市争取其他项目开展特聘计划。

（三）抓好主推技术遴选推介，拓展服务渠道谋发展

在全省范围内遴选推介 1 097 项次先进适用主推技术，印发主推技术指南，组建 24 个省级主推技术指导团队，落实示范任务，构建“专家＋农技人员＋示范基地＋示范主体＋辐射带动户”链式推广服务模式，围绕主推技术开展示范观摩活动 1 800 余场次，培训农民 24.3 万人，集中示范面积 540 万亩，辐射带动 2 358 万亩。引导农技人员、特聘农技员和产业专家利用 App、微信群、QQ 群、直播平台等信息化手段，在线开展问题解答、咨询指导、互动交流、技术普及等服务。引导高校、科研院所、农业龙头企业、农业专业合作社、农业科技服务公司等社会化服务组织加入农业科技服务。

（四）抓好示范展示三个平台，构建推广体系重带动

给予国家现代农业科技示范展示基地 50 万元经费支持基地围绕水稻、水产品、蔬菜、中药材及特色农产品等开展科学研究、试验示范、优良品种展示、农产品种植与销售、农业科普、双创孵化器运营等重大引领性技术的示范推广。省级按照“五个一”（一个标牌、一个方案、一个主推技术、一套档案，一个总结）的标准，建设 324 个省级农业科技示范展示基地，并及时通过中国农技推广信息服务平台展示省级示范基地动态及成效。按照“三个一”（选好一个、带动一片、致富一方）的原则，遴选培育 23 305 名示范作用好、辐射带动强的农业科技示范主体，鼓

励和引导各地创新示范主体培养方式，丰富培训内容，凸显和展示示范主体的示范带动作用。

（五）抓好协同推广五大产业，引领产业升级促发展

聚焦省级十大农业产业链，打造农业重大技术协同推广 3.0 版，推动院士专家科技服务“515”行动与十大农业产业链紧密结合，每条产业链组建一支专家团队，以产业链龙头企业、新型经营主体和专家团队为核心，建设农业科技创新联合体，构建以农产品为单元、以市场为核心、产学研深度融合的协同创新体系。截至 2021 年，水稻团队创建协同推广模式示范样板 18 个，核心示范区水稻综合机械化率达 96%，化肥农药利用率提高 3.5%，亩均增收 465.7 元，辐射带动全省 321.8 万亩；园艺团队通过农机-农艺-农技结合，示范推广园艺作物新品种 64 个，新技术 25 项；油菜团队示范油菜绿色高产高效新模式 48 万亩，举办万亩核心示范样板 6 个，每亩节本增效 690 元，共节本增收 3.315 亿元；水产团队建立高标准虾稻生态种养核心示范区 7 个，核心示范区面积 4 967 亩，全省示范推广总面积达到 16 万亩；畜牧团队新增示范基地 11 个，样板示范点 46 个，示范推广生猪 145.14 万头、肉牛 3 万头、蛋鸡 622.2 万只、生态鸡 501.5 万只，累计增收 3.35 亿元。70 多名协同推广专家录制技术视频 146 个，通过“湖北春耕第一课”等平台发布，累计播放量达 1 300 万次，培训观摩 71 期 6 125 人次，媒体宣传 50 余次。

福　建　省

2021 年，福建省结合各地实际，围绕粮食安全和重要农产品有效供给，积极履行公益性农技推广机构职责，以先进适用技术示范展示样板为载体，推动构建“一主多元”农技推广体系，强化农技推广服务效能，取得了积极成效。

（一）加强组织领导，统筹协调推进工作

省级成立基层农技推广体系改革与建设工作领导小组，具体负责协调全省基层农技推广体系改革与建设工作。各项目县成立项目实施工作领导小组，依托县农业农村局科教科和农技推广站等单位，设立技术专家组，联合科研、教学、推广、新型经营主体等共同组织项目实施。将基层农技推广体系改革与建设工作纳入省对市、县粮食安全、乡村振兴、人才工作等目标责任制考评指标内容，建立了部、省、市、县四级联动绩效评价机制。建立年初部署、季度通报、年终总结等工作制度，找差距、补短板、抓整改，层层压实责任，确保项目工作落实到位。

（二）健全保障机制，提升履职服务能力

新一轮乡镇机构改革后，各项目县按照“明确职能、理顺体制、精简人员、充实一线、创新机制”的工作思路，建立健全乡镇农技推广机构，并全部列入全额拨款事业单位，确保综合设置的乡村振兴服务中心（综合技术保障中心）等机构有专门岗位和专职干部从事农技推广服务工作。引导基层农技推广机构紧盯关键适用技术试验示范、动植物疫病监测防控、农业防灾减灾、生态环境保护等重点工作，找准切入点，改善设施条件，完善服务手段，提升履职服务能力。截

至2021年底，全省拥有基层农技推广机构1 858个，基层农技人员8 462人，农技人员对接指导服务农户4.5万户。

（三）加强业务培训，提升队伍素质能力

每年年初制定农技推广骨干培训办班计划，组织省级农技推广骨干培训班12期，调训中级及以上职称农技推广骨干1 080人。各项目县聚焦特色主导产业发展需求，围绕绿色高效种养殖技术、秸秆综合利用、农技推广信息化、农药化肥科学施用等精心设置系列课程；从省产业技术体系专家团队、科技创新联盟、科研院校、推广机构及科技特派员等中遴选一批优秀专家和田秀才建立专家名师库；从省级以上农业龙头企业、专业合作社等新型经营主体中，精选一批农技推广实训基地，组织每期学员开展实训观摩活动。采取“定向培养”“免费就读”“绿色通道”等方式以及本土化就业办法，定向招收100名乡镇农技推广紧缺专业学生，毕业后定向回户籍县的乡镇农技推广机构就业，为基层农技推广机构培养专业技术人才。在福建农林大学开展成人高等教育自主招生试点，招收100名乡镇农技员参加专升本学历教育，提高农技人员的学历水平和知识层次。

（四）强化技术推广，加快技术落地应用

围绕本地区主导产业和特色产业发展需要，组织遴选、推介发布95项省级农业主推技术，并编印主推技术手册，发至各项目县及主要参与项目实施的农技推广机构。各项目县根据部、省主推技术，结合本地实际，遴选推介县级主推技术，并细化技术推广方案，依托农业科技示范基地、农业科技示范主体，通过发放技术明白纸、信息化推介、组织现场观摩等方式，加快农业主推技术的示范推广。各地组织示范推广了水稻免耕直播栽培技术等20余项优质高效绿色技术。

（五）坚持择优培育，发展壮大社会化服务

项目县按照“选好一个、带动一片、致富一方”的原则，完善农业科技示范主体遴选和考核激励机制，支持农业科技服务公司、专业服务组织及科技服务能力较强的农民合作社、家庭农场等社会化服务组织作为农业科技示范主体，开展多种形式的农业科技服务，全省累计培育农业科技示范主体24 640个，其中新型经营主体超1/4。依托项目实施，大力培育农业社会化服务组织，累计3 117个农业社会化服务主体开展生产托管服务，服务全省小农户达到7.87万户。

（六）整合各类资源，健全多维农技服务机制

按照发布需求、个人申请、技能考核、研究公示、确定人选、签订服务协议等程序，招募特聘农技员83名（农牧68名、水产15名）和特聘动物防疫员40名，探索了科技支撑产业发展新路径。组织开展科技助力乡村产业振兴行动，以实施补助项目为抓手，将科技特派员、省级现代产业技术体系、农业科技创新联盟等科技资源导入乡村，形成科教兴农强大合力。从农业高校、科研院所和各级农技推广机构中，选派1 200多名农业专家对口帮扶1 073个村，对接项目310个，推广农业“五新”技术530项，带动5万多户农户发展生产，辐射带动300万亩；组织7个省级现代农业产业技术体系97个工作站、15个农业科技创新联盟600多名专家参与协同攻关，

加快技术集成、熟化配套和推广应用，累计取得原创性成果 112 项、关键技术 129 项，推广新品种、新技术、新成果 500 多项，节本增效达 12 多亿元。

陕 西 省

2021 年，陕西省紧紧围绕巩固拓展脱贫攻坚成果、全面推进乡村振兴、加快农业农村现代化的重大战略，以“三加强、四推进、五提升”为主线，以推动先进适用技术普及应用和提升农技推广服务效能为目标，创新体制机制，强化职责履行，广泛集聚资源，激发推广活力，圆满高效完成全年各项任务。

（一）突出“三个加强”，精心推进项目组织实施

一是加强组织领导， 省、市、县农业农村主管部门和农技推广机构坚持把农技推广体系建设工作摆在三农工作的重要日程，落实三级联动、全程实施、责任明确、注重实效的管理机制，形成了事有人做、责有人担、活有人干的良好工作格局。**二是加强改革创新，** 引导农业科研教学单位、经营性服务组织等多元主体开展农技推广服务，探索形成了“农技＋科研院所”“农技＋新型主体”“农技＋涉农企业”3 种推广模式。**三是加强绩效考核，** 聚焦年度八大主要任务，制定考核评价指标体系，完善绩效评价方式，强化结果导向，做好项目实施情况监督及工作绩效考评，提升项目实施成效。

（二）强化“四个推进”，着力提升为农服务效能

一是推进星级服务， 围绕服务效能、服务质量、服务成效，将星级服务创建作为农技推广体系建设的重要抓手，以县域为单位，打造一批星级农技推广机构和星级服务示范县，提高农技推广机构规范化建设水平。**二是推进运行管理，** 加强农技推广机构制度和体制建设创新，引导农业科研教学单位、经营性服务组织等多元主体开展农技服务，初步形成“推广机构＋科研院所＋经营性服务组织”和“推广人员＋科技专家＋新型经营主体”等农技推广服务新模式。**三是推进信息服务，** 运用信息化技术和“互联网＋”理念，运用中国农技推广信息服务平台、互联网、手机 App 等方式，为服务对象提供远程可视、即时有效、方便快捷的精准农技服务。**四是推进示范载体建设，** 运用自建、租用、合作等方式，建成 177 个示范带动效果明显、长期稳定开放的农业科技示范基地，大力推行产业引领到位、示范推广到位、培训指导到位“三到位”的工作模式，开展优质品种试验 21 项，推广绿色技术 33 项，组织学习观摩 338 场次，参训人员达到 2.3 万人次。

（三）聚焦“五个提升”，高效支撑现代农业发展

一是提升技术推广。 围绕农业稳产保供和产业发展需求，集成推广省级主推技术 16 项，市县遴选推介小麦宽幅沟播、玉米增密度提单产等 128 项主推技术，在 177 个试验示范基地进行示范，依托示范基地培育 7 606 个农业科技示范主体，通过辐射带动、宣传培训、实地指导等推进主推技术落地应用。**二是提升服务效能。** 推动农技推广机构在履行好农情信息调查监测、植物病

虫害防控、技术咨询服务等公益性职责基础上，聚焦优势特色产业发展需求，提供全程综合解决方案，开展产前、产中、产后一条龙服务。2021 年，全省农技推广机构开展技术培训 6 974 场次，辐射周边农户达 35.6 万人，开展技术服务 397 万人次，发放明白卡 106.53 万份、技术手册 31.3 万份、挂图 23.5 万张。**三是提升队伍能力。**推广农技人员能力提升培训“陕西模式”，开展能干、能讲、能写的“三能型”人才培训，分类别、分层次、分专题，采取精准化、小班化开展培训，先后举办粮食、养殖等专题培训班 89 期，共培训特聘人员及农技人员 7 340 名，基层技术服务人员的专业知识和工作技能逐步增强。**四是提升主体培育。**在致富带头人、种养大户、乡土专家等群体中遴选发展好、实力强、能带动的农业科技示范主体 7 606 人，通过搭建平台、指导服务、培训交流等方式，不断提高其自我发展能力，辐射带动周边农户 15.8 万户。**五是提升特聘计划。**在走访农户、了解群众需求、调查摸底基础上，梳理产业发展需求，科学合理制定特聘计划实施方案，全省 32 个项目县招募特聘农技员 298 人（特聘动物防疫员 32 人）。总结形成澄城县“精选、实干、严管”工作机制，眉县技术指导、农资配送、资金赊欠、果品销售“四托管”服务模式，以及延长县特聘计划“123456”工作方法等成功经验。对特聘农技员实行“因人而异、量人而用”的差异化管理，特聘协议一年一签，工资待遇区别对待，注重激发个人活力，发挥个人专长，确保特聘农技员指导精准、服务高效，培养带动了一支留得住的农村技术队伍，实现了技术服务与产业发展、农民增收的有机融合。

山　东　省

2021 年，山东省围绕加强基层农技推广人才定向培养、抓好农业科技服务供给、启动实施协同推广计划、农技服务助力防灾减灾、秋收秋种等方面开展了一系列工作，推动全省农技推广工作不断迈上新台阶。

（一）强化队伍建设，提升履职服务能力

认真贯彻落实《山东省加强基层农技推广人才队伍建设的二十条措施》，组织基层农技推广机构找准职能定位，围绕关键适用技术试验示范、动植物疫病监测防控、农产品质量安全技术服务等，履行好农技推广机构公益性服务职能。设置省级班、市级班、县级班三大类，省级班主抓县乡农技推广骨干人员培训，市县围绕主导产业发展、完善特色优势农产品技术支撑体系和产业链条开展培训，采取理论教学、现场实训、案例讲解、互动交流等方式，对全省 1/3 以上在编在岗农技人员进行不少于 5 天的脱产业务培训。继续实施公费农科生定向培养工作，采取“定向招生、定向培养、定向就业”的方式，招收农学、园艺、植物保护、动物科学、水产养殖学、农业资源与环境、农林经济管理、农业机械化及其自动化等本科专业学生 391 人。

（二）强化服务供给，发展社会化农技服务力量

支持农业科技服务公司、专业服务组织及科技服务能力较强的农民合作社、家庭农场等社会化服务力量作为农业科技示范主体，探索以农技推广为起点的要素叠加聚合服务模式，开展多种

形式的农业科技服务。通过公开招标、定向委托等方式，支持社会化服务组织承担公益性农技推广服务，培育一批农技社会化服务组织典型。实施“科教助农”工程，鼓励农业科研院校发挥人才、成果、平台等优势，开展“联市包县、下乡入村”科技服务，加快成果转化落地。

（三）完善遴选机制，加快先进技术示范推广

省级聚焦种植业、畜牧业、水产养殖业、农机化、生态环能等领域，围绕稳粮增产、地力提升、土壤改良等需求，遴选推介年度主推技术 95 项。项目县聚焦优势特色产业需求，严格控制数量、精心遴选技术，以产业为单元，遴选推介 1 600 余项县级农业主推技术。组建技术指导团队，依托示范基地、示范主体进行展示推广，构建“专家＋农技人员＋示范基地＋示范主体＋辐射带动户”链式推广服务模式，突出强化脱贫地区农业技术供给，加快先进技术进村入户到田。

（四）规范招募程序，加大特聘计划实施力度

项目县围绕优势特色产业发展需求从乡土专家、种养能手、新型经营主体技术骨干中，招募有丰富实践经验、较高技术专长、服务意识协调能力较强的人员作为特聘农技员，全年累计招募 699 人。在生猪大县全面实施特聘动物防疫员招募计划，围绕加强动物防疫强化服务，促进生猪养殖产业发展，累计招募特聘动物防疫员 558 人。特聘农技员招募、使用、管理、考核，按照发布需求、个人申请、技能考核、研究公示、确定人选、签订协议等程序进行，全程公开透明，广泛进行公示。组织特聘农技队伍在乡村一线开展农技指导、咨询服务、政策宣贯，强化特色产业农技服务。

（五）整合多方资源，实施农业重大技术协同推广计划

积极争取财政资金 2 000 万元，启动实施农业重大技术协同推广计划，推动农业技术推广机构、农业科研教学单位、新型经营主体、社会化服务组织等资源整合、合理分工、高效协作，探索建立“农业科研试验基地＋农业技术区域示范基地＋基层农技推广中心（站）＋新型经营主体”一体化的链式新型协同技术推广模式，构建上下贯通、左右衔接、优势互补、协同高效的农业技术协同推广新机制新平台，畅通先进农业科技成果转化应用渠道，破解农业技术推广“最后一公里”瓶颈，推动农业科技与农业产业有机融合、农业技术服务与农业产业需求有效对接。

（六）把握关键时期，高效支撑服务三农工作

面对洪涝灾害，成立农业防灾减灾工作领导小组，指导全省农业防灾减灾工作，成立玉米、植保、果茶、蔬菜、渔业等 5 个省级专家指导组，研究制定防灾减灾技术意见，深入灾区开展技术指导和服务，针对生产中的问题提出生产技术意见。洪涝严重地区，组织基层农技人员深入田间地头开展技术服务，指导农民落实防灾减灾关键措施，科学进行田间管理。秋收秋种时期，组织专家力量，深入田间地头做好分类指导，农田渍涝严重地块，协调各地调集、增购、改装各种履带式玉米收获机约 5 400 台，帮助农民解决收获难题。将机收减损作为粮食生产机械化的主要工作常抓不懈，常态化组织开展玉米机收减损技能大比武活动。针对部分农田土壤含水量超饱和状态，组织现代农业产业技术体系、省农业农村专家顾问团等专家力量，研究制定选用早熟品种、以种补晚，提高整地质量、以好补晚，适当增加播量、以密补晚，科学增施肥料、以肥补

晚，加强田间管理、促弱转壮的“四补一促”小麦抗湿应变播种技术意见，指导各地抢种小麦。各地普遍建立“专家组—示范基地—技术指导员—科技示范主体—辐射带动户”的农业科技成果快速转化通道，农技人员包村联户，深入生产一线开展技术指导和服务，为农业增产、农民增收和农业增效提供科技支撑。

江　苏　省

2021 年，江苏省深入贯彻落实《中华人民共和国农业技术推广法》，以组织实施补助项目为抓手，深入推进基层农技推广体系改革，全面提高农技推广服务效能，取得积极成效。

（一）积极顺应改革，加强农技推广条件能力建设

深入贯彻执行《江苏省实施〈中华人民共和国农业技术推广法〉办法》，顺应新一轮机构改革，组织各级国家农技推广机构找准职能定位，确保综合设置的乡镇农技推广机构有专门岗位和专门人员履职尽责，原用于农技推广的国有资产不流失、服务能力不降低，充分履行好公益性服务职能。支持县级农业农村部门及推广机构加强对乡镇农技推广机构和人员的指导管理和统筹安排，确保农技推广专一性。

（二）聚力素质提升，加强农技人员培养教育

建立分级分类培训制度，安排全省 9 000 名基层农技人员接受不同层次的连续不少于 5 天的培训，其中省级骨干班 339 人，省级重点班 2 391 人，市县级班 6 270 人，基本做到每名农技人员每两年就能接受一次集中培训。省级培训班学员开班第一课邀请省厅分管领导上，规范培训管理，创新培训方法，提高培训实效。积极推进“定向培养”农技推广后备人才，优化农技推广队伍。推广苏州市、盐城市、扬州市、泰州市等地校地联合“定点招生、定向培养、协议就业”培养农技推广后备人才的做法，吸引具有较高素质和专业水平的青年人才充实乡镇农技推广机构。同时，协同省人社部门做好乡镇农技人员“三定向”高级职称评审工作，引导人才向农村基层一线流动。

（三）强化示范引领，打造农业科技示范展示样板

围绕地方优势农产品和特色产业发展需求，衔接省现代农业产业技术体系推广示范基地，按照国家标准在全省建设 152 个长期稳定的农业科技示范基地。组织农业科研教学单位与示范基地挂钩对接，将先进的科技成果、管理方式、经营理念现场展示，做给农民看、带着农民干，充分发挥基地的辐射带动作用。规范国家现代农业科技示范展示基地运行管理，支持国家基地开展引领性技术的研发攻关、示范展示与观摩培训，加快引领性技术集成熟化和展示应用。从示范作用好、辐射带动强的新型经营主体带头人、种养大户、乡土专家等中科学遴选 6.4 万名农业科技示范主体，覆盖每个村、每个主导产业。实行“一村一名责任农技员”包村联户制度，在农业生产的重要时节和关键环节，对示范主体开展手把手、面对面的技术指导和咨询服务，提高示范主体的科学种养水平和示范带动能力。

（四）发挥资源合力，加快先进适用技术推广应用

省级和各项目县，根据部级主推技术和当地农业产业发展实际，遴选发布各地农业主推技术，以主导（特色）产业为单元，组建主推技术指导团队，形成易懂好用的技术操作规范，开展观摩培训活动，构建“专家＋农技人员＋示范基地＋示范主体＋辐射带动户”的链式推广服务模式，推动全省主推技术到位率达95％以上。南京农业大学、扬州大学、江苏省农业科学院等单位组建16支团队，牵头承担智慧稻作、特色果树等优势特色产业，以推广农业重大技术为牵引，探索“科教＋推广”合作机制，全方位提升农业科技服务的供给能力和效率。项目实施期间，采取轮流主办的方式，召开现场推进会，实地考察学习，评估实施效果，总结运行模式，互评互促互学，推进农业重大科技成果转化落地。组织广大农业科技推广人员深入生产一线，因地制宜制定防灾减灾技术方案，推广普及防灾减灾技术，做好防灾减灾科学指导工作，确保农业生产安全。

（五）提质云上服务，提高农技推广服务信息化水平

做好省级平台江苏“农技耘”App与中国农技推广App对接，督促指导各地农业农村部门组织农技人员安装使用中国农技推广App，及时报送有效日志、农情等信息，全省累计使用率超过83.8％。广泛利用微信、QQ等网络平台开展在线指导，组织项目县登录中国农技推广信息服务平台，及时填报体系基本情况和补助项目实施情况，实时展示年度任务进展动态和取得效果。优化升级江苏农技耘App功能，推进省地协同打造地方频道，组织专家对45万用户开展“不见面”的“云指导”。在农技耘App设立“防灾减灾多丰收”专栏，利用平台发布预防措施和灾后补救意见，开展线上技术培训，发挥科技在农业防灾减灾中的重要支撑作用。

（六）坚持多元协同，壮大农业科技社会化服务

引导农业科研院校围绕水稻、特粮特经、蔬菜、生猪、渔业等优势主导产业，开展农业科技社会化服务。依托25个省级现代农业产业技术体系建设，优化配置全省科教资源，深度对接社会化服务组织。鼓励家庭农场、农民合作社、农业企业、涉农科研院所领办创办合作式、订单式、托管式等多种形式的专业化服务组织，支持农业社会化服务组织开展良种繁育、统防统治、强制免疫、农机租赁维修等生产服务，引领农户参与适度规模经营。

安　徽　省

2021年，安徽省坚持统筹兼顾、注重实效、创新引领的总体思路，鼓励各地在深化基层农技推广体系改革、激发农技推广活力和推进农业科技社会化服务等方面积极开展探索，取得了一定成效。

（一）加强组织领导，做好相关保障措施

省级印发项目实施方案，对年度项目组织实施工作进行部署安排，要求各项目县按照实施要

求，强化统筹协调，规范过程管理，做好资金监管。印发《关于加强农业科技社会化服务体系建设的实施意见》《安徽省农业农村厅关于印发2021年全省春季农业科技服务活动方案的通知》等文件，深入贯彻落实《中华人民共和国农业技术推广法》，推动基层农技推广机构加强履职服务能力，做好包村联户服务工作，发展壮大农业科技社会化服务，提升为农服务效能。组织开展技术指导考核评比工作，每半年由第三方对每个技术指导员进村入户服务情况进行全覆盖电话抽查，并将抽查结果进行通报，对抽查中出现的问题及时整改，年终依据考核办法对技术指导员包村联户服务情况进行综合考评。

（二）加强分类指导，规范建设示范展示平台

依托项目实施，分类指导国家基地、专项示范基地、县级示范基地“三级基地”建设，强化基地展示推广先进技术模式作用。通过“六有四做到”方式强化国家现代农业科技示范展示基地建设，“六有”即：有管理制度、有组织机构、有支撑单位、有岗位专家、有实施方案、有扶持政策；“四做到”即：整合资源（基地均与当地农业企业合作共建），管理规范（项目县与示范基地签订协议），任务清单（统一标识，每年开展1项以上先进技术研发攻关、1项以上引领性技术试验示范、3场50人以上的大型农技推广现场观摩会、3场50人以上的技术培训活动），考核验收（验收合格后拨付奖补资金）。定期开展国家基地运行情况调度，确保基地高质量完成示范展示任务。统筹安排基地开展稻渔综合种养、耕地土壤改良、特色产业生产示范等示范基地建设，开展绿色高效主推技术的试验示范和推广应用。遴选建设322个县域农业科技示范基地，结合农时农事适时举办示范展示、观摩培训、现场会等活动，开展主推技术示范及品种展示，充分发挥农业科技示范基地的辐射带动作用。

（三）加强教育培训，提升农技推广队伍素质能力

将市、县农业农村局负责农技推广工作的人员纳入省内农技推广骨干人员集中培训对象中，由省厅科教处推广工作负责人针对年度实施方案和具体工作进展专门解读与指导；将特聘农技员纳入县级农技推广普通培训班对象中，围绕关键适用技术模式、信息平台应用、优先适用品种技术模式等进行理论教学与实训指导。依托农业农村部干部管理学院，组织基层农技人员赴浙江、江苏等地开展跨省异地教学培训，累计培训308人。将中国农技推广App和补助项目线上展示等内容纳入培训课程体系中，普及“互联网+农技推广”服务理念和服务手段，推动农技人员知识更新培训和能力素质提升。积极鼓励农技人员参加学历提升并给予学费补助。全年累计组织省级农技推广骨干人员培训班9期，推动1 326人进行了知识更新。

（四）加强改革探索，激发农技人员增值服务活力

继续支持太湖县开展基层农技推广体系改革创新试点，支持9名基层农技人员到新型经营主体中挂职，1名基层农技人员离岗创业。通过农技人员开展“三进”（家庭农场、农民合作社、农业龙头企业）增值服务，一定程度上满足了新型经营主体的发展需求，同时进一步探索了基层农技推广增值服务的途径和内容，在农技推广机制创新、模式创新、管理方式、考评考核激励机制创新等方面积累了实践经验。

（五）加强动态管理，提升特聘队伍服务实效

继续在 32 个脱贫县（市、区）、20 个生猪大县（动物防疫员）和其他有需求地区全面实施特聘计划。聚焦产业扶贫、特色产业发展等实际需求，强化特色产业农技指导服务，合理确定特聘农技员招募数量、招募标准；围绕加强动物防疫强化指导服务，促进生猪养殖产业健康发展，招募特聘动物防疫员。各项目县明确特聘农技队伍的服务内容和考核标准，规范服务协议或合同，严格招募程序，并对特聘农技员进行在线动态管理。

（六）加强示范展示，加快主推技术落地应用

围绕本省农业主导特色产业发展及新型经营主体的科技需求，省级遴选发布 29 项优质绿色高效主推技术（模式），市级遴选发布 156 项主推技术，县级遴选发布 966 项主推技术，全省累计遴选推介 1 151 项先进适用农业主推技术。以县域为单元，每县分别选择 2～3 项技术（模式）组建技术指导团队，形成当地技术操作规范，依托示范展示基地与示范主体落实和展示新技术 5.75 万项次，加快主推技术进村入户到田进程，推动科技成果落地转化应用。

山　西　省

2021 年，山西省积极适应新形势新任务要求，引导全省农技推广系统，尽锐出战、开拓创新，基层农技推广工作实现多点突破，深化农技推广体系改革，出台“三支队伍”改革指导意见，创新农技推广方式，开展专家团队包联服务，创设充实基层农技队伍政策，组织公费农科生试点，实施农业重大技术协同推广计划，大力培育农业科技社会化服务组织，为加快完善“一主多元”农技推广体系提供了有益探索。

（一）加强组织管理，有力有序推进项目实施

按照实体化落地、项目化实施、季度化推进、责任化落实、信息化创新的“五化”要求，综合运用现场推动、案例推动、通报推动、督导推动，扎实推进项目各项工作落实落地。举办补助项目管理培训，规范项目实施、压实工作责任、健全工作制度、科学绩效评价。举办补助项目现场观摩会，展示农业科技示范基地建设成效，树立技术推广、农民培训、成果转化样板。将补助项目列入省委农办情况通报，根据中国农技推广信息服务平台线上填报情况通报项目实施进度，约谈排名后 3 位的市，加快全省项目实施进度。

（二）推动改革创新，构建“一主多元”农技推广体系

深入分析研判，提请省委全面深化改革委员会研究农技、农经、农机三支队伍改革，推动与省委编办联合出台《关于全省农技农经农机“三支队伍”改革指导意见》，强化农技推广公益服务属性，构建有机衔接行政决策、有力承接上级要求、有效对接市场需求、有为服务三农的“三支队伍”。市县结合区域产业特点，统筹设置农技推广中心、畜牧兽医服务中心等事业单位，承担公益性服务职能，也可在相关单位加挂牌子，承担相关职能。乡镇依据产业需求、服务范围

等，在乡镇综合便民服务中心分专业设置农技、畜牧兽医等农技服务专岗，承接农业农村公益性服务职责。明确农技、畜牧兽医服务专岗纳入全省农业专业技术人员队伍体系，确保乡镇一级有人干事。引导和支持高校、科研院所农业科研教学人员深入基层一线开展农技推广服务。鼓励各类企业和社会力量领办创办服务主体。

（三）试点定向培养，有效补充基层农技推广力量

为保障公费农科生试点工作有序开展，山西省农业农村厅联合省委编办开展摸底调研，全面掌握试点县乡镇编制、专业需求等情况，联合教育厅、省委编办、财政厅、人社厅印发《关于印发公费农科生教育实施办法的通知》，按照德育为先、面向基层、定向培养、强化实践的原则，在22个县招录农学和动物科学专业88人，公费农科生由所在地农业农村部门统一组织与教育、编办、财政、人社等部门签订协议，毕业后到户籍所在县的基层便民服务中心从事农技推广工作5年以上。

（四）探索协同路径，推动农科教深度融合发展

启动实施农业重大技术协同推广计划，制定农业重大技术协同推广计划工作方案，厅党组会专题研究，结合省情农情，确定依托谷子、马铃薯、果树、食用菌、奶牛等5个现代农业产业技术体系实施重大技术协同推广计划。每个体系按照协同推广要求制定实施计划，明确每个产业集成示范技术、团队组建、示范基地、培育主体、推广模式、推广规模、成效预期等内容。

（五）强化专家包联，加快先进技术推广应用

为加快农业先进适用技术推广应用，在全省农业农村系统开展专家团队包联服务，省市县三级农技专家联动，一县一团队，全省全覆盖。聚焦产业发展需求，坚持“一线工作法”，组织专家团队包县包村包主体，到村到户到田头，送技术送政策送信息，落实强农惠农政策，推广先进适用技术，解决产业难题，促进农民增收。活动开展以来，专家团队围绕农时农事开展春耕备耕、防灾减灾、稳产保供、农民培训、解决难题等服务，遴选推广绿色高质高效生产技术460余项，适宜品种390余个，示范推广面积2 424万亩、覆盖畜禽8 144万头（只）；组织政策宣讲2 593场（次），宣讲受众19.4万人次；指导服务27 551场（户），累计培训16万人次；制定技术解决方案150余套，解决技术问题1 078个，结合党史学习教育为群众办实事300余件。

（六）发挥示范引领，打造区域性科技示范展示载体

参照国家现代农业科技示范展示基地标准，在全省范围内遴选26个省级农业“六新”（新基建、新品种、新技术、新机具、新模式、新材料）科技示范展示基地，开展当地年度农业主推技术的示范、推广、应用等工作。重点支持国家现代农业科技示范展示基地开展引领性集成性主推技术的示范展示、实训观摩活动的组织、新型经营主体的指导服务等工作。推动国家基地与农业院校、科研机构紧密合作，在基地建立联系点和试验点，加快科技成果转化应用。将国家基地认定为高素质农民实训基地，通过集中培训、现场观摩、示范推广深层土壤全面积改良、开槽深施有机肥等技术模式，培训农民上千人次，开展技术观摩活动200多场，观摩人数超1 600人次。

青　岛　市

2021 年，青岛市结合乡村振兴攻势重点任务，加强顶层设计、夯实推广体系、培训农技队伍、推动示范引领，推动各项任务有序推进、提质增效，推动新品种、新技术、新装备和新模式在农业生产中广泛应用，取得了较好成效。

（一）加强顶层设计，规范项目组织管理

青岛市委、市政府把项目建设任务写入《关于打造乡村振兴齐鲁样板先行区加快农业农村现代化的意见》，由市考核办运用平台对建设任务进行月调度、年考核。制定印发年度实施方案，明确申报立项、专家评审、资金下拨、指导技术等程序，规范项目组织实施。制定农技推广体系改革与建设任务进度表，要求任务区市从组织管理情况、技术推广应用情况、中国农技推广信息服务平台填报情况等七个方面每月填报工作进度。开展“四不两直”指导检查，对项目实施过程中出现的问题进行通报，督促各地改正问题 12 个。采取现场观摩、交叉评分等形式，开展互学互评互比活动 3 次，加强比学赶超，共同推动项目提质增效。依托中央电视台、《人民日报》和《农民日报》、大众网、今日头条、山东省农业农村厅官网、“情系三农”公众号等媒体，推介宣传示范基地 80 余篇次。

（二）夯实推广体系，提升为农服务能力

坚持公益性农技推广机构、科技社会化服务组织“双管齐下”，149 个农技推广机构、1 170 名农技人员通过科技下乡、科技大集、农业科技示范基地示范推广、网络在线指导等方式，常年活跃在田间地头，常态化开展技术指导服务。开展农业科技线上线下“双线服务”，构建便捷灵活、高效实用、多方联动的农技推广服务机制，组织千名科技人员下乡，组建 22 支农业科技服务队，每月调度并通报各科技服务队落实下乡情况，依托科技支撑服务现代农业发展。支持和培育农业科技社会化服务组织 60 余个，引导社会化服务组织开展科学种植、植保飞防、健康养殖等服务。在三个生猪调出大县招募特聘动物防疫员 347 人，为乡镇动物防疫工作提供技术指导与咨询服务，与乡镇兽医结对开展技术服务，有力地解决了基层动物防疫力量不足的问题。

（三）培训农技人员，提高队伍素质能力

以项目区为单位，分片、分级举办骨干培训班和普通培训班，委托青岛农业大学和相关培训机构，围绕粮油、农机、畜牧等行业，设置相应课程体系，健全高水平师资体系，组织基层农技人员系统学习《中华人民共和国农业技术推广法》、“中国农技推广”App 安装使用、农业创新驱动的战略重点与发展前景、农业品牌建设、乡村振兴、国际种业发展及植物新品种保护、党建引领基层农技推广人员素质提升等内容，采取“理论+实践”相结合的培训模式，圆满完成 6 个班次 302 名基层农技人员的培训任务，提高了农技人员的能力素质。

（四）建设展示基地，加快主推技术推广应用

通过土地流转、租用和合作共建等方式，建立长期稳定的农业科技示范展示基地和示范主体。建立“三级”专家指导机制，遴选市级农技专家、区市农技人员、地方土专家各19名，“一对一、手把手”对口指导基地建设。依托高素质农民培育和农业技能培训，将遴选基地和主体的负责人纳入农业经理人、新型经营主体和服务主体带头人、农业产业领军人才培育，提高推广示范和辐射带动能力。支持引导示范基地和示范主体广泛开展技术集成示范、技术培训、现场观摩等活动，构建“农业专家＋示范基地＋示范主体＋小农户”服务模式，推行“农民下单、专家配菜”，全年累计推广示范1 029项次主推技术，覆盖面积13.8万余亩，示范带动农机3 200台（套）、畜禽养殖150万头（只）。同时，争取市级财政资金105万元，建设畜牧科技试验示范基地11个，示范推广畜禽减抗养殖、粪污资源化利用等畜禽健康养殖关键技术，集成了一套可复制可推广的典型模式。将农业科技示范基地建设纳入青岛市党史学习教育内容，列入“我为群众办实事”第一批项目清单，工作情况得到山东省委党史学习教育第二巡回指导组的高度评价：青岛市工作接地气、聚民心、有实效，经验值得推广。

（五）强化科技赋能，智慧服务不断档

通过组织专题培训、互动交流、在线学习、定期通报等方式，加快推进项目管理考评信息化、农技推广服务在线化。引导全市农技人员、农业专家等运用中国农技推广信息服务平台、微信群、QQ群等多种渠道，开展线上线下农技推广服务，全市农技人员中国农技推广App使用率达到100％。项目区市上报动态信息130余条，农技人员发布农情日志36 000余次、上报农情16 800余次、问答58 000余次，680多个示范主体登录中国农技推广App实现在线展示。同时，积极应对疫情影响，发挥线上资源作用，利用中国农技推广App、微博、微信公众号等互联网平台，组织千名农技人员、百名技术专家开展线上指导、服务和远程问诊，解答农业问题3 000余个。

内蒙古自治区

2021年，内蒙古自治区围绕保障国家粮食安全和重要农副产品有效供给、巩固拓展脱贫攻坚成果同乡村振兴有效衔接等重点工作，以提升农技推广服务效能、发挥农技推广实效为目标，落细落小各项任务，推动农技推广工作取得进展。

（一）加强组织领导，强化项目组织管理服务

联合财政厅制定《内蒙古自治区2021年中央财政深化基层农技推广体系改革与建设补助项目实施方案》，成立以自治区农牧厅厅长为组长、二级巡视员为副组长、相关处室负责人为成员的领导小组，领导小组办公室设在科教处，由科教处处长担任办公室主任。各项目旗县成立工作小组，因地制宜出台本地的补助项目实施方案，积极推进项目实施。自治区农牧厅不定期调度项目实施进度，及时掌握工作动态。开展机构改革后农技推广机构人员调查摸底工作，摸清了自治

区农技推广机构和人员底数，为体系建设和改革创新打下基础。

（二）加强统筹协调，完善重大技术协同推广机制

认真落实协同推广计划工作思路和要求，以重大任务为牵引，以稳定支持为保障，全方位、高层次统筹调配农业科技成果、技术、人才等，围绕主导特色产业关键技术问题，集聚科教推广资源，推动自治区市县三级联动、产学研企多方协同。**找准重大技术研发创新方向。**立足产业重大需求，从生产中的问题出发，根据地区农业资源禀赋、产业发展状况，围绕当地优势特色产业的发展需求，筛选出一批制约区域产业发展的关键技术问题。**组建精干高效协同团队。**通过揭榜挂帅、定向委托、择优遴选等方式，确定技术支撑单位，选择精干力量构建以推广、科研专家为双首席的实施团队，并充分调动技术应用主体的积极性。各产业实施团队依托推广、科研单位及新型经营主体等，建设试验示范基地开展技术集成示范工作。**探索分工协作的工作模式。**以农业优势绿色高效技术推广为任务牵引，有效集聚优势农技推广资源，构建起农科教、产学研多方协同推广新机制，突出一体化统筹推进，促进上下有机衔接。**建立产业贡献度、对象满意度为核心的评价体系。**协同推广工作以促进农业优势特色产业提质增效为终极目标，实行任务式管理，强化绩效考核，建立以结果为导向的激励约束机制，增强试点单位和技术支撑团队的责任感，提高科技人员积极性，激发创新活力，推动农业科技优势转化为产业优势和经济优势。

（三）探索数字引领，推广“互联网＋农技推广”新模式

积极推进农技推广信息化建设工作，围绕内蒙古农业大学对各盟市及旗县的信息员进行为期一周的培训，着力提升信息平台填报和数据录入能力，按时完成中国农技推广信息服务平台体系管理模块填报工作，累计录入1 236个推广机构和16 165个农技员的信息。根据实际情况不断更新补助项目实施内容，实时展示年度任务进展动态和取得效果，对年度任务支持的示范基地、人员培训、示范主体实现全程线上动态展示。九原区依托中国知网探索建设了区域性农技信息化服务云平台，将补助项目中的农技专家、农技指导员和示范主体连接一体，通过信息化平台的GPS定位，随时随地记录指导员的服务行程，并将基层农技人员培训、示范基地建设、示范主体培育等补助项目实施情况进行线上动态展示和绩效管理，实现动态调度与科学考评，最大限度地提高基层农技服务的整体效率和水平，有效破解农技推广“最后一公里”难题。

（四）坚持示范引领，激发农技推广体系活力

为深入贯彻落实《中华人民共和国乡村振兴促进法》，进一步激励自治区广大基层农技人员扎根基层、服务农牧业，组织开展内蒙古自治区“十佳农技推广标兵”“十佳科技示范主体”“最受欢迎特聘农技员”评选工作，通过形式审查、专家评审，最终选拔了10名“十佳农技推广标兵”、10个“十佳科技示范主体”和5名“最受欢迎特聘农技员”，鼓励基层农技人员积极参与科技成果转化和先进实用技术推广应用。积极参与农业农村部的奖项申报工作，4个基层农技推广机构荣获“全国星级基层农技推广机构”称号，5个农业科技社会化服务组织荣获“全国星级农业科技社会化服务组织”称号，1名基层农技人员获得“全国十佳农技推

广标兵”2021年度资助项目。

（五）夯实示范平台，加快绿色高效技术推广

围绕优势农产品和特色产业发展需求，自治区级遴选优质绿色高效技术模式53项农牧业主推技术，利用官网、微信公众号等媒体渠道及时发布。各盟市遴选推介主推技术169项，旗县结合各地实际，推广主推技术533项，面向20 203户示范主体进行了主推技术的推广示范。建设农业科技示范基地202个，依托示范基地开展新品种观摩、新技术培训、新模式推广等活动，推广新品种1 353个、绿色高效技术358项，促进了主推技术进村入户到田。

第三篇

农技推广重大计划

四川省水稻产业重大技术协同推广

一、基本情况

2021 年，四川省水稻产业重大技术协同推广项目有效整合农业科研、教学、推广部门的力量和资源，示范推广绿色提质高效生产、全程机械化高效生产、再生稻高效生产三大技术，建立核心示范基地 1.4 万亩，辐射带动万亩示范片 11.6 万亩，建立科技创新与产业协同发展、技术服务与生产需求有效衔接的协同推广机制，通过核心展示与万亩示范、技术培训与现场观摩、线上线下互动等多种形式，带动种粮农户提高种植水平，推动全省水稻生产绿色高效发展。

二、主要做法

（一）精心组建团队，构建高效产教协同推广模式

四川农业大学和四川省农业技术推广总站专家分别担任技术首席和推广首席，遴选 11 个省、市农业科研教学推广单位和大邑、广汉等 10 个县级农技推广站（中心）的 60 位科研、推广专家为核心力量组建协同推广团队，将“水稻产业重大技术协同推广站”建立在具有“两主体、三中心”功能的典型新型经营主体中，以核心示范片为展示窗口，以熟化的技术为支撑，以高效沟通、信息交流和现场指导结合为手段，打通产前、产中、产后环节，有效对接生产第一线，将技术试验基地、示范基地与新型经营主体生产基地结合，实现“技术、资金、人才、利益”协同。

（二）围绕生产需求，实现技术简化、熟化、转化

鉴定筛选晶两优 534、宜香优 2115、川康优丝苗等一批高产、优质、适宜机插的水稻品种；针对机插秧苗素质差、机插漏插率高等问题，进一步推广育秧基质、暗化催芽育秧和减穴稳苗健株机插技术，熟化适宜于丘陵地区的片层式泥浆育秧技术，明显改善育秧和机插效果。优化机插秧施肥技术，基蘖肥采用同步侧深施肥＋缓释肥，推广应用无人机施穗肥技术。示范再生稻基肥一道清＋齐穗期施用粒芽肥的简化施肥技术。筛选适宜平原与丘陵地区的直播机具，并集成了机直播“种肥药”一体化生产技术和淹水直播技术。

（三）创新推广方式，提高重大技术推广效率

核心示范田和辐射示范带采取集中培训、重点指导、现场观摩等方式，先后召开全省技术观摩培训会 4 次及分县、分区域培训会 58 次，专家现场指导服务 372 次。采用视频会议或微信群交流等方式，及时会商生产情况、交流技术措施、开展在线技术咨询等，保证了农情和技术高效实时传播。首次开展了机械化育秧技术自媒体直播现场培训会，线上线下同步培训和指导，打破了地域

和时间的限制，扩大推广辐射范围，获得了基层农技推广人员和种粮大户的广泛好评。通过不断丰富技术推广方式，实现了技术全过程、全方位和多维度的指导，保障技术进村入户、落地生根。

三、取得的成效

（一）培育带动了一批懂技术懂经营的科技型种粮大户

以 121 个新型经营主体为载体，引领带动种粮大户的生产水平、管理水平和发展规模显著提升。大邑县旭成种植合作社由经营面积为 3 000 亩的单一生产主体发展成为生产经营面积达到 6 500 亩的具有现代化生产、产业化经营、社会化服务能力的新型经营主体，过去水稻秧苗 90% 靠购买、机械化育插秧水平仅 30%、单产仅 500 公斤/亩，现在实现了水稻机插育秧 100% 自育自管，同时对外提供育秧社会化服务，服务面积达到 1 万亩以上。射洪市太乙海阔农机专业合作社对外水稻生产服务 3 万亩，机械化作业服务 17 万亩次，先后获得“四川省农机合作社省级示范社”“四川省‘五有五好’植保社会化服务组织”等称号。

（二）集成推广了一批绿色高质高效水稻生产技术

示范引领带动水稻生产多个环节机械化、轻简化并取得了新突破，集成了多项适用于四川全省水稻大面积生产的地方标准和主推技术，如《水稻机械插秧配套技术规程》《水稻机械化种植同步侧深施肥技术规程》《水稻无人机直播生产技术规程》《冬水田杂交中稻—再生稻高产高效技术规程》等地方标准。优质杂交稻保优提质绿色高效栽培技术、水稻机直播生产技术、水稻全程机械化生产技术、四川多元种植水稻无人机精量直播生产技术等入选四川省农业主推技术。此外，杂交稻暗化催芽无纺布覆盖高效育秧技术经多点试验示范，育秧成苗率高、栽插效果好、省工节本、耐粗放，成功入选 2021 年全国农业主推技术。

（三）建立了一批可复制可推广的高产典型示范基地

大邑县 1 400 亩麦茬迟栽杂交稻核心示范片经专家测产验收，平均亩产为 741.5 公斤，最高亩产达 807.8 公斤，创下了优质稻迟栽提质生产的产量纪录。在 2021 年积温和光照偏低的条件下，南部县核心示范区机插秧最高亩产突破 750 公斤，远高于丘陵区平均单产水平 550 公斤。泸县潮河镇五谷寺村 1 200 亩核心示范区，中稻再生稻两季平均亩产总计 915.2 公斤（中稻 661.9 公斤，再生稻 253.3 公斤），全县再生稻平均亩产达 169.6 公斤、总产突破 7.9 万吨，创历史新高。

（四）协同推广效果和影响受到社会广泛关注

协同推广团队专家深入田间地头指导水稻生产，帮助种粮大户解决实际问题，切实提高种粮效益。《人民日报》发布了《四川农业大学师生带着〈无纺布旱育秧技术流程〉等指南来到种粮大户身边》，中国青年网发布了《高校教师下田直播 引近千人围观》专题报道，《四川日报》《四川农村日报》、四川电视台等媒体多次宣传报道水稻重大技术协同推广工作，发布《水稻机插秧育秧难？科技下乡送来‘傻瓜式’教程》《工厂化育秧为水稻种植插上‘科教翅膀’》等系列报道 20 余篇。通过媒体的宣传报道，进一步增强和扩大了协同推广项目的影响力。

黑龙江省大豆产业重大技术协同推广

一、基本情况

黑龙江省大豆产业技术协同推广体系设首席专家 1 名，设置大豆育种、高产栽培、病虫草防控等 7 个协同创新岗位；在松嫩平原和三江平原的大豆主产区设置 5 个技术推广服务站，在塔河县、嫩江市、海伦市、讷河市、宝清县建立 5 个综合技术示范园区。

二、主要做法

（一）明确支撑大豆产业发展的目标

围绕大豆全产业链的技术需求，与“粮头食尾”和“农头工尾”的产业发展模式紧密结合，采取与进口大豆差异化发展的战略，促进科技创新链与产业链、增收链、人才链、价值链对接，组织东北农业大学、黑龙江省农业科学院及大豆主产区农技推广部门等单位的专家，实施大豆产业技术协同创新体系建设，为供给侧结构性改革和大豆产业高效发展提供支撑。

（二）构建“院校 + 企业 + 农户”模式

以东农豆 252 优质品种推广为重点，促成黑龙江普兰农业发展有限公司、祖名豆制品股份有限公司建立产业订单收购模式。东北农业大学与佳木斯市北新机械制造有限公司联合开发“秸秆全量还田大豆带状深松栽培技术”的关键农具，着力解决前茬玉米秸秆还田问题，促进技术推广。

（三）开展现场观摩及高产示范

在宾县、甘南县组织召开“秸秆全量还田大豆带状深松栽培技术”播种现场会，取得了良好效果。建设优质品种高产示范田，分别在桦川县、黑河市建立了黑农 48、黑河 43 大面积高产示范田，加大展示作用。通过现场观摩等多种方式，以及新闻媒体与网络自媒体的宣传报道，提高大豆高产高效技术的普及度。

三、取得成效

（一）关键性技术推广取得突破

在前茬玉米秸秆全量还田条件下，形成了大豆带状深松栽培技术。选育推广黑河 43、黑农 84、合农 95、合农 69、合农 85、绥农 52、黑河 45 等重大品种，2021 年分别推广 910.7 万亩、

310.3万亩、257.1万亩、166.1万亩、129.4万亩、128.5万亩、105.6万亩，合计推广2 007.7万亩。

（二）集成推广标准化技术模式

2021年，集成四大技术模式，并制定发布了黑龙江省地方标准。其中，黑龙江省北部大豆小麦轮作机械化秸秆还田技术模式推广50万亩，大豆大垄栽培技术模式推广200万亩以上，大豆玉米轮作少免耕技术模式推广100万亩以上，东北地区绿色食品大豆生产技术模式推广200万亩以上。

（三）研制秸秆还田保护性耕作关键农机具

针对玉米—大豆轮作中玉米秸秆量大、秸秆直接还田作业时间短、缺少适宜轻简化栽培的关机农具等问题，大豆产业技术协同推广体系研发了深松碎土整地机和轻型免耕播种机系列机型。

（四）大豆食品加工技术取得重要进展

构建了4项大豆加工技术，助力产业链延伸：高蛋白豆奶加工稳定技术，通过改进加工工艺实现稳定性豆乳加工；脱水冻豆腐加工技术，开发脱水干燥冻豆腐产品，解决传统冻豆腐冷链运输、销售受限的系列难题；速食豆花粉加工技术，通过控制热加工条件，并结合高效均质加工技术及复配缓释凝固剂，解决豆粉冲调成脑即食技术；开发大豆蛋白基植物肉加工技术。

（五）获得省级奖励肯定

研发推广的“高产多抗食用大豆新品种绥农42的选育与推广”获省科技进步奖一等奖，“提高大豆单产关键技术及配套技术模式研究与应用推广”技术成果及选育推广的合农75、黑河53大豆品种获省科技进步奖二等奖，选育的食用大豆新品种黑河51获省科技进步奖三等奖，大豆重要遗传性状基因定位及分子辅助育种体系建立获省自然科学奖三等奖。

湖北省油菜产业重大技术协同推广

一、基本情况

湖北油菜产业科技服务“515”行动（协同推广）由傅廷栋院士领衔，湖北省油菜办公室组织华中农业大学、中国农业科学院油料作物研究所、长江大学等单位专家，着力推广油菜绿色高产高效新模式，加快全省油菜在“双低”（低芥酸低硫苷）基础上向“双高”（高产高油酸）转变，扩大冬闲田利用，开发多功能油菜，以油促粮、粮油兼丰，推进油菜扩面提质增效。

行动启动以来，油菜专家团队主动对接油菜主产县（市），突出开发冬闲田扩种油菜，大力示范推广油菜“345”模式、油稻“双优双丰”周年绿色高效模式和免耕飞播轻简高效技术，围绕高含油量、高油酸、抗根肿病等高产新品种示范及油菜多功能利用等，深入田间地头，积极开展科技指导服务。2021 年，油菜产业科技服务“515”行动（协同推广）团队在沙洋、松滋、天门等 6 个重点县（市），示范油菜绿色高产高效新模式 60 万亩，开展高油适机、菜用、花用油菜品种示范 15 万亩，示范油稻“双优双丰”周年绿色高效模式 8.5 万亩。在荆门市示范高油酸油菜 28 万亩。举办万亩核心示范样板 20 个，面积 24.63 万亩。组织现场观摩交流活动 42 次，3 710 人次参加；举办技术培训 38 次，培训基层农技人员及示范户 2 330 人次；培育稻油双优合作社 8 个，平均示范种植面积 602 亩。

二、主要做法

依托油菜产业科技服务“515”行动（协同推广）平台，整建制开展油菜绿色高质高效行动，示范推广适宜不同生态区的油菜绿色高产高效生产技术与多功能利用新模式。

（一）科技支撑助力产业提升

华中农业大学协同推广团队担任荆门市菜籽油产业发展的技术顾问，重点解决高油酸菜籽油产业发展过程中种质资源选育、加工工艺提档升级等问题，并强化根肿病综合防治技术研究，进行抗病品种示范、田间药效验证、配套栽培措施集成等试验，筛选并集成轻简、高效和低成本的根肿病综合防治技术。2021 年夏收，湖北省高油酸油菜面积达 30 万亩，全省加工生产高油酸菜籽油 300 万公斤，湖北荆品油脂有限公司实现高油酸菜籽油销售收入 8 700 万元，荆门民峰油脂有限责任公司实现高油酸菜籽油和优质菜籽油销售收入 1 亿元。华油杂 62R 根肿病发病率 5.88%，远远低于对照品种的 99.3%。2021 年秋播，全省高油酸油菜订单种植面积达 40 万亩以上。

（二）花海定制提质增效

中国农业科学院油料作物研究所油菜团队围绕中油变色龙、中油彩花 1 号、中油彩花 2 号、中油彩花 4 号等彩花油菜新品种推广，集成芽前种子处理、干播匀出全苗齐苗、中高温早发壮株、花色花期花量“三花”调控以及水肥综合管控和病虫草害绿色防治等多项关键技术，创制了四季油菜花海技术体系，实现了开花时间、高度、花期、花色按需定制。2020 年 11 月，在湖北松滋市沧水镇麻砂滩村盛开的 200 亩彩色油菜花海引起了广泛关注，成为深秋季节一道美丽的风景，获得中央电视台新闻频道《朝闻天下》等栏目报道，为进一步拓展油菜功能、助推一二三产业融合、促进当地油菜产业高质量发展提供了有力支撑。协助武穴市精心打造了大法寺镇桂家畈和崇山畈、花桥仙人湖、余川红色旅游路等多个旅游景点，大法寺镇油菜花海获评 2021 年湖北省十大最美油菜花海。

（三）稻油双丰绿色高效

“稻油双丰”示范片由长江大学作物团队对接石首市聚金油菜种植专业合作社具体承担。集成“种肥药机”一体化技术，亩实际成本 298 元，平均亩产 212.6 公斤，按照 2021 年油菜籽价格 5.6 元/公斤计算，每亩油菜实现纯效益 892.6 元。通过种植配套的早熟高产优质香稻新品种荆占 1 号和优质稻耐热优质高产栽培技术，水稻用药减少 20%、用肥减少 10%。示范种植的荆占 1 号亩均产量 500 公斤，按 1.5 元/斤的单价全部被订单收购，亩均收入 1 500 元。

三、主要成效

2021 年，油菜产业科技服务“515”行动（协同推广）通过油菜绿色高产高效新模式等示范，实现节本增效 3.69 亿元。在取得良好经济效益的同时，科技辐射带动作用进一步增强，粮油保供创优等社会效益显著，农旅融合促进作用突出，减少农药化肥施用生态效益明显，并形成了三大主要协同推广模式。

（一）构建重大技术集成推广模式

油菜团队共进行 168 个油菜新品种的试验示范，以此为基础集成推广技术模式 9 项。其中，华中农业大学油菜团队集成推广饲料（绿肥）优质高效种植、抗根肿病新品种、专用缓释肥、菌核病绿色防控及高油酸油菜绿色生产技术等 5 项，制定地方标准 2 项；中国农业科学院油料作物研究所油菜团队推广高产高油适机油菜绿色高产高效新模式及油菜多功能利用（菜用、花用）新技术新模式等 2 项；长江大学作物团队推广机插优质稻—油菜全程机械化生产和直播优质稻—油菜全程机械化生产等技术 2 项。

（二）构建“市县推广部门+技术研发团队+专业合作社”协同推广模式

以油菜技术研发团队研究成果为核心，联合市、县推广部门与专业合作社开展现场观摩和技术指导。其中，华中农业大学油菜团队建立万亩示范片 12 个；中国农业科学院油料作物研究所油菜团队建立万亩示范样板 1 个；长江大学作物团队建立“双优双丰”万亩示范样板 6 个。以核心示范片为依托，华中农业大学油菜团队于荆门市举办抗根肿病新品种华油杂 62R 现场观摩与鉴定会；中国农业科学院油料作物研究所油菜团队在松滋市洈水镇召开油菜多功能利用新技术新模式观摩会；湖北省油菜办公室与长江大学联合举办油菜产业科技服务“515”行动技术培训。

（三）构建油菜产业发展建言献策模式

湖北省委、省政府高度重视油料生产，将菜籽油产业链纳入湖北省十大农业产业链，予以重点支持。为此，湖北省油菜办公室组织“515”科技服务相关专家，广泛开展调研，及时提交了“十四五”湖北省油菜种植潜力分析与产业发展报告，为菜籽油产业链建设提供科技支撑。

山西省苹果产业重大技术协同推广

为探索建立农、科、教协同开展技术推广服务的有效路径，增强科技对农业高质量发展的支撑引领作用，山西省临猗县依托果树产业技术体系，建立省、市、县苹果产业技术协同推广队伍和“农技推广机构＋示范展示基地＋示范主体”协同推广模式，提升新型经营主体技术应用能力，优化调整品种结构，实现了果园提质增效、果业高质量发展。

一、基本情况

山西省地处我国黄土高原东麓，是我国三大优质苹果基地之一。2019 年，山西省苹果栽培总面积为 415 万亩，总产量达 512 万吨，产值达 148 亿元。其中，临猗县地处山西省南部，气候温和，光照充足，昼夜温差大，具备生产优质水果的独特自然资源禀赋，被农业农村部认定为“国家区域性良种繁育基地”和“临猗苹果中国特色农产品优势区”。临猗县苹果种植面积 70 万亩，苹果产业是临猗县农业农村经济发展的支柱产业之一。

2021 年，山西省以苹果提质、产业升级为目标，在全国农业科技现代化先行县临猗县实施农业重大技术协同推广计划，突出问题导向，推广关键技术，为临猗县苹果产业高品质、高标准、高效益发展提供更多的技术和人才支撑。

二、主要做法

（一）问题要准

组织专家团队针对临猗县苹果产业开展了为期 1 个月的调研工作，通过实地考察、走访果农、召开座谈会、专家研讨等形式，全面摸清产业问题，为制订技术协同推广方案奠定基础。明确了临猗县苹果生产上存在的主导品种不明确、苗木抗性能力差、生产标准化程度低、优质高档果率低、精深加工企业欠缺、储藏及冷链运输体系发展滞后等问题，并将其作为制订技术协同推广方案的重要依据。

（二）思路要清

紧扣农业科技现代化这一命题，以产业中存在的问题为突破口，按照全产业链开发、全价值链提升的思路，制订实施方案。技术协同推广方案中提出了“六新果园建设”“老果园改造”等技术体系，重点围绕“优化品种结构、无病毒苗木、高光效树形改造、抗重茬矮砧密植早果丰产管理、花果轻简化管理、果园农药减量控害、精准化水肥管理、旱作果园根域微垄覆膜肥水协同技术、果园绿肥、果园机械化、现代冷链物流、苹果功能化综合加工利用”12 项关键技术开展协同推广。

（三）措施要细

以构建农业科技现代产业体系、生产体系、经营体系为目标，制订科学合理的实施方案。从品种选择、品质提升、绿色生产、果园肥力提升、机械化、采后加工、品牌战略等方面制订详细的技术方案和实施内容，实现各环节从点到线、从线到面的有机衔接。各项技术、各实施地点、责任人以及实施主体均签订任务书。

（四）落实要严

实施方案制订后，强化过程和结果管理，实行月报制，及时调度实施过程中遇到的问题和建议，同时发布进展报表和情况报道。各季度不定时地组织专家团队进行现场检查和指导，了解技术落实和推广情况。

（五）协同要广

结合农业科技现代化先行县建设，由政府推动，整合各种项目资金，把先行县建设和协同推广项目结合起来，把山西省果树产业技术体系、山西省园艺产业发展中心的高标准果园建设、山西农业大学的特优战略等项目和经费整合集中，最大限度发挥政府、科技人员和经费的潜力。技术方面，不拘一格，引进国内外优质品种；引进吸收北京市林业果树科学研究院的砧木脱毒快繁、一年定植二年挂果技术等。人员方面，团队既有省内专家又有省外专家，且不局限于在职人员，协同一切可利用资源开展工作。

（六）效果要好

通过项目的实施，形成了“政府主导＋推广部门配合＋科研院校支撑＋种植主体参与＋产后产储销”的“五位一体”协同成果转化模式。协同推广六新果园建设、老果园改造、果园肥力提升、集约化栽培和标准化管理、绿色生产等技术，为临猗县苹果产业发展提供新空间、新途径、新活力。

三、主要成效

科技助推产业路，产业撑起乡村兴。为加快农业科技成果转化应用，推动实现科技助农、科技兴农、科技强农，从单一的品种推广、技术服务，到产前、产中的技术集成，再到覆盖全产业链的推广和研发，科技协同推广在保障区域特色产业安全、健康发展中发挥了重要作用。

2021 年，示范园优果率提升 5%～10%，优质果率达到 90%以上，化肥施用量减少 15%以上，化学农药使用量减少 20%以上，采后损失降低 5%以上。示范园苹果售价约 6 元/公斤，平均亩产约 4 000 斤，亩产值 12 000 元，较普通果园平均 6 000 元的亩产值提质增效显著。此外，普通果园人均管理面积为 5～8 亩，而新建六新果园人均管理面积可达 50 亩，节省劳动力效果明显。“临猗模式”为山西省农业科技现代化、果业提升增效、绿色生产起到示范作用，在进一步的实施和探索过程中逐步发展为可复制、可推广的模式。

广西壮族自治区蚕桑产业重大技术协同推广

一、基本情况

蚕桑产业是广西农业特色优势产业，根据《自治区农业农村厅办公室关于印发广西2021年绿色高效设施农业栽培等3个农业重大技术协同推广计划试点实施方案的通知》（桂农厅办发〔2021〕34号）和自治区农业农村厅有关协同推广计划试点工作要求，广西壮族自治区蚕业技术推广站继续承担广西2021年农业重大技术协同推广计划试点工作，具体实施“蚕桑提质增效关键技术集成与推广”项目，项目资金600万元。试点项目以广西农业特色优势产业蚕桑为主线，集聚自治区、市、县、乡四级蚕桑技术推广机构和科研机构、企业、高校等社会资源，构建蚕桑农科教、产学研多方协同推广的新机制，形成多方合力开展农技推广服务的组织新模式，协同推广应用蚕桑提质增效关键技术，推进广西蚕桑产业向标准化、设施化、规模化、多元化方向发展，促进蚕桑产业提质增效。

二、主要做法

（一）聚焦产业发展问题，筛选主推技术

针对新模式推广应用率偏低、机械化集约化种桑养蚕程度不高、蚕桑废弃物污染趋于严重等影响蚕桑产业发展的瓶颈问题，以蚕桑提质增效为目标，筛选、集成和推广高标准桑园水肥一体化灌溉技术、机械化智能化养蚕技术、规模化机械化高效蚕桑种养技术、蚕桑资源综合利用技术，推进广西蚕桑生产实现品种优良化、技术高效省力化、环境无害化。

（二）建立协同推广团队，构建协同推广机制

以蚕桑提质增效重大技术推广协同任务为抓手，广泛聚集广西壮族自治区蚕业科学研究院、广西壮族自治区蚕业技术推广站等科研、推广单位的优秀专家，吸纳试点市、县的蚕业站、推广站（中心）及企业、蚕桑专业合作社的技术骨干等，建立双首席牵头的蚕桑重大技术协同推广技术服务队伍，团队成员共45人，其中科研专家2人、推广技术员30人、新型经营主体13人。以核心示范基地和生产示范展示基地为载体，农科教、产学研协作，联合开展蚕桑提质增效关键技术集成熟化与示范推广，建立定期会商、咨询服务和观摩交流机制，促进蚕桑科研与推广单位、科技服务与生产需求、专家教授与基层农技人员有效对接，完善“蚕桑科研试验基地＋区域示范展示基地＋县（市、区）蚕业技术推广站、乡（镇）农业技术推广站（中心）＋蚕桑企业＋蚕桑专业合作社”的蚕桑技术推广服务体系。

（三）依托示范基地建设，推广重大技术

依托广西桑蚕良种繁育与试验示范基地及宜州、宾阳、横州、靖西、平果等5个县（市、

区）蚕桑示范展示基地，充分发挥广西壮族自治区蚕业科学研究院、广西壮族自治区蚕业技术推广站的技术和品种创新优势，各市、县蚕业技术推广机构及乡（镇）农业技术推广站（中心）的服务推广平台优势，以及蚕桑企业和专业合作社的生产经营辐射带动优势，构建科研、推广、企业、专业合作社优势互补、互相配合、协同推广的机制体制，示范推广优良蚕桑品种和蚕桑提质增效关键技术。其中，广西桑蚕良种繁育与试验示范基地 1 074 亩，主要示范推广高标准桑园水肥一体化灌溉技术、机械化智能化养蚕技术和蚕桑资源综合利用技术，基地内配套实训桑园和蚕房、多媒体培训教室、食堂、学员住房等设施，便于进行技术培训推广；宜州、宾阳、横州、靖西、平果等 5 个县（市、区）蚕桑示范展示基地 7 556 亩，主要示范推广规模化机械化高效蚕桑种养技术。

（四）加强技术培训，增强辐射带动

在蚕桑生产的各个关键环节，组织国家蚕桑产业技术体系、广西壮族自治区蚕业技术推广站及其他科研单位的专家在示范基地对各级农技人员、新型经营主体、技术骨干、贫困户等进行技术培训，确保蚕桑提质增效关键技术得到有效的推广与普及，辐射带动蚕桑产业发展壮大。2021 年，共举办技术培训 15 期，培训人员 871 人次，发放技术资料 1 000 份以上。举办技术现场观摩会 2 期，现场观摩 183 人。

三、取得成效

（一）高标准桑园水肥一体化灌溉技术示范推广成效显著

在广西蚕桑良种繁育与试验示范基地（武鸣基地）建成桑园水肥一体化田间灌溉系统及配套水电设施，开展高标准桑园水肥一体化灌溉技术集成示范。示范桑园桑叶产量提高超 15%、实现亩产 4 000 公斤以上；特别是有效应对了 2021 年下半年的秋旱，在提高桑树产叶量的同时，显著增强树势，有效减少桑蓟马和红蜘蛛等害虫的发生，年可供叶多养蚕 1～2 批次。该技术的推广使用大大节约了人工成本并提高了工作效率。

（二）机械化智能化养蚕技术示范推广成效显著

在广西蚕桑良种繁育与试验示范基地（武鸣基地）建成机械化养蚕及人工饲料养蚕车间各 1 栋，合计面积 1 408 米^2，配套省力化大蚕饲养仪器设备及人工饲料养蚕仪器设备，引进大蚕饲育机 1 套，建成蚕桑种养智能信息物联网系统 1 套，示范推广大蚕省力化地面育、大蚕饲育机叠架育、桑蚕人工饲料育和“智能信息物联网＋桑蚕”应用模式等机械化智能化养蚕技术。2021 年，开展大蚕省力化地面育饲养桂蚕 8 号一代杂交种 4 批次共 20 张，张种产茧量达 48.56 公斤；首次利用大蚕饲育机叠架育饲养桑蚕取得成功，示范饲养桂蚕 8 号一代杂交种 3 批次共 15 张，较传统大蚕省力化地面育节省劳动力 1～2 个，节省养蚕空间 5 倍以上，设备运行稳定，接待参观培训近 200 人次，开展桂蚕 5 号全龄人工饲料育 4 批次，掌握了品种特性及技术要点，为技术大面积推广应用打好了基础。

（三）规模化机械化高效蚕桑种养技术示范推广成效显著

2021 年，在横州、平果、靖西、宾阳、宜州建立蚕桑区域示范展示基地各 1 个。通过“龙

头企业＋蚕桑合作组织＋基地＋蚕农”的组织形式，示范推广广西自主创新蚕桑品种10个、先进适用技术10项，引进示范应用蚕桑种养新装置（装备）30台（套）。通过蚕桑重大技术的协同推广和示范应用，辐射带动了蚕桑适用技术的普及，推动了蚕桑产业持续稳定健康发展。2021年，依托示范展示基地，重点推广了桂蚕8号新品种7.79万张，辐射带动全自治区推广应用80万张以上，张种产茧量普遍在47.5公斤以上，比两广二号增产增收5%～10%，可用于缫制5A级生丝。在5个基地县（市、区）建立自治区级示范点9个，示范推广小蚕人工饲料育技术，示范桂蚕5号593张；与传统小蚕共育模式相比，工效提高3～5倍，养蚕成功率提高5%～10%，综合效益提高10%以上。

（四）蚕桑资源综合利用技术示范推广成效显著

在广西壮族自治区蚕业技术推广站武鸣基地建立桑饲料加工及饲养畜禽水产技术示范基地，建成桑饲料加工及水产饲养大棚2栋合计1 368米^2，建成桑饲料多功能生产线1条，成功研发“桑枝全价羊颗粒饲料”“桑枝全价蛋鸡颗粒饲料”“桑枝全价家禽颗粒饲料”配方及产品，通过与自治区内畜禽水产企业及专业合作社合作，示范推广桑饲料加工及畜禽水产养殖技术。2021年，基地全年生产桑饲料约30吨，通过试验示范，可有效降低肉羊、家禽饲料成本10%以上，显著提高畜禽抗病能力和肉品品质；在对口帮扶村天等县盛典村，开展“桑枝全价蛋鸡颗粒饲料”的示范推广工作，帮助村集体产业实现提质增效，打造品牌、打开销路。

（五）推动全自治区蚕桑产业持续稳定健康发展

通过集成推广蚕桑新品种、新技术、新机具、新工艺，建立高标准示范基地，辐射带动了全自治区蚕桑单产、质量、效益的提高。2021年，5个基地县（市、区）推广应用集成技术67.57万亩，新增蚕茧产量5 484.89吨，新增产值2.12亿元。推广优良杂交桑新品种6 574亩，辐射带动现代蚕桑产业示范区（园、点）40个、新型经营主体35个，帮扶村屯60个、农户1 541户。广西全自治区蚕桑生产覆盖71个县（市、区）、66.69万农户，从业人员约354万人；桑园面积287.66万亩，约占全国的25%；蚕茧产量40.74万吨，连续17年位居全国第一，约占全国的55%；蚕农售茧收入208.17亿元，养蚕户均收入约3.12万元，人均约5 880元；一二三产业融合发展，产业总产值近500亿元，实现了蚕农增收、蚕业增效。广西壮族自治区河池市宜州区德胜镇桑蚕“三品一标”基地获评全国首批全国种植业“三品一标”基地。

（六）推动全自治区蚕桑产业扶贫成效显著

依托自治区、市、县、乡四级科研推广服务团队开展技术推广服务，推进蚕桑龙头企业实行“公司＋基地＋合作社＋农户”利益联结合作发展模式，在贫困村组建桑蚕专业合作社，实行“产前技术培训、产中物资供应服务、产后保价收购和销售累积二次返利”等，推动蚕桑产业扶贫工作取得显著成效。2021年，全自治区54个脱贫县中有44个县（市、区）发展种桑养蚕，有桑园面积174.34万亩，蚕茧产量18.63万吨，分别占全区的60.61%、45.73%；蚕农售茧收入96.86亿元，户均收入2.66万元，同比增长69.43%，蚕桑产业在助农增收和巩固拓展脱贫攻坚成果方面成效显著。

重庆市池塘生态循环重大技术协同推广

一、基本情况

池塘生态循环技术以生态学理论和共生原理为基础，核心内容包括：揭示池塘水质调控及循环利用机制，研发池塘养殖环境调控工艺设施，创建鱼菜共生（鱼类＋水生植物）水环境原位修复、养殖尾水处理、沉积物营养物质归趋与底质工程化改良等集成的“一改五化”池塘养殖生态循环技术体系。2021 年，重庆市水产技术推广总站承担了池塘生态循环技术协同推广项目，在长寿、沙坪坝、綦江等县（区）建设市级示范点 13 个、总面积 770 亩，养殖尾水实现资源化循环利用或达标排放。以典型模式示范、集成创新及辐射带动相结合的方式，在项目技术支持单位与实施单位的密切配合下，边试验、边示范、边推广，辐射重庆市推广面积达 11.2 万亩，逐渐形成可复制、可推广的池塘生态循环技术推广体系。

二、主要做法

（一）加强团队建设，构建新型技术推广服务体系

为确保项目任务的圆满完成，成立了以重庆市水产技术推广总站为组长单位、西南大学作为技术依托单位、集区县实施单位多名中高级技术人员参与的项目实施小组，构建了“推广专家团队＋试验示范基地＋新型经营主体”的链式技术推广服务体系，组建了重庆市水产技术推广总站站长领衔的市级专家团队和 13 支区县级的推广团队。制定项目实施方案，明确职能职责，落实技术方案的制定、项目实施、项目报告及总结相关工作。

（二）强化模式集成，突出示范引领

根据养殖场实际情况，筛选适宜养殖尾水治理的模式，因地制宜设计尾水治理设施建设方案，熟化集成可复制、可推广的“鱼菜共生＋多级沉淀池”“多级沉淀池＋人工湿地”“多级沉淀池＋过滤坝＋生物毛刷”尾水治理模式，以示范点为引领熟化形成水产养殖尾水治理技术方案并在重庆全市推广应用。

（三）强化技术培训，抓好技术服务

采用市、县、业主三级联动机制，通过科技入户、现场实训、远程交流等方式，针对不同对象逐级开展培训。充分利用现代化信息交流工具，采取在线交流、水产论坛、热线电话、农网广播、手机短信互动等多种形式，满足不同层次渔民的技术需求。依托国家大宗淡水鱼产业技术体系和重庆市生态渔产业技术体系专家团队优势，实现与全国知名专家的零距离对接，切实提高技

术服务水平，提升服务能力；每年编印发放各类养殖技术资料 2 万余册，提高池塘生态循环技术的到位率。

（四）推进标准化生产，加强科学管理

制定发布重庆市地方标准《池塘一改五化生态养殖集成技术规范》《池塘内循环流水养殖设施建设及养殖技术规范》等地方标准 4 项，按照一塘一本的原则发放“水产养殖生产记录本”，严格按照标准进行生产，提高养殖技术水平。

（五）抓好宣传，营造良好推广氛围

拓宽宣传形式和渠道，相关成果被中央电视台、重庆电视台、《重庆日报》和《新疆日报》及华龙网等各大媒体多次专题报道，先后接待山东、云南、贵州、四川等 10 余个省份代表 90 余人考察学习池塘生态循环技术。

三、取得成效

项目集成以养殖尾水治理技术为核心的池塘生态循环技术体系，构建可复制、可推广的养殖尾水治理模式 7 种，不断加强示范点建设，突出试验示范和辐射带动，提高池塘综合生产效益，取得了丰硕的技术成果。项目核心技术获评全国农业主推技术和重庆市农业主推技术，并被评为 2022 年重庆市引领性技术。获发明专利 3 项、实用新型专利 13 项，制定地方标准 5 项，出版专著 6 部，发表相关学术论文 23 篇，产品获绿色食品认证和重庆市名牌农产品。

（一）经济效益明显

在长寿、沙坪坝、綦江等县（区）建设市级示范点 13 个、总面积 770 亩，亩产水产品 1 286 公斤，亩产水稻或空心菜 533 公斤，亩纯收益达 3 590 元。项目辐射全市推广面积达 11.2 万亩，总产水产品 14.8 万吨、蔬菜 10 万吨，总产值 19 亿元，总纯收益 5.2 亿元，新增总纯收益 2.9 亿元。亩节约水电等支出 581 元，总节能节支 0.6 亿元。

（二）生态效益突出

熟化了池塘尾水治理技术模式，筛选适宜植物品种 10 余种，尾水实现资源化循环利用或达标排放。亩产植物 1 000 斤以上，消纳氮、磷 398.4 吨，可以使养殖池塘节约渔业用水 1 500 吨/亩，减少渔业废水排放 1 200 吨/亩，累计减少尾水排放 1.1 亿米^3，并能显著减少渔药投入量并降低病害发生率。将治理与效益紧密结合起来，对水产养殖绿色发展、治理养殖面源污染和保育养殖水域生态环境具有较大推动作用。

（三）社会效益显著

鱼菜共生有利于支撑保障国家粮食安全，开辟了粮蔬作物的生长空间，节约土地资源。按专用池塘浮床和尾水处理池亩均 10%蔬菜（花卉、水稻等）种植面积计算，重庆地区相当于增加了 1.5 万亩粮蔬种植土地。构建池塘尾水治理、鱼菜共生、内循环工程化养殖等一批可复制的标

准技术模式，并在重庆乃至全国推广应用，实现渔业转型升级。推进地区巩固脱贫成果和乡村振兴，在重庆市建立示范区 63 个，示范面积达 5.72 万亩，助推 2 万户渔民脱贫致富。促进农村人居环境改善和乡村景观打造，重庆市部分地方政府把鱼菜共生作为美丽乡村和治理池塘水体污染的重要内容，通过鱼菜共生打造绿色食品基地，吸引消费者前来观光消费，水上蔬菜产业化开发，增加水产品、水稻等产品附加值，提高了池塘综合生产效益和渔民的收入。技术模式被列入全国渔业绿色发展八大模式，多次入选全国农业主推技术，是重庆市渔业发展规划重点工程和百亿级生态渔产业链建设主推模式。

广西养殖业农技推广服务特聘计划实施情况

一、2021 年实施情况

2021 年广西壮族自治区在 51 个基层农技推广体系与改革建设补助项目县（市、区）（以下简称“项目县”）实施特聘计划，共聘用人员 64 名，其中农业乡村专家 22 名、种养能手 14 名、新型经营主体技术骨干 8 名、其他类型 20 名。

二、主要做法

（一）加强组织领导，确保任务落实

广西壮族自治区农业农村厅印发了《自治区农业农村厅办公室关于印发 2021 年广西基层农技推广体系改革与建设补助项目实施方案的通知》（桂农厅办发〔2021〕61 号），明确了在全自治区项目县推动特聘计划实施，以提供当地农业农村发展急需的全产业链技术精准指导和咨询服务，增强地区产业发展科技支撑能力。广西壮族自治区畜牧站和水产技术推广站负责指导养殖业项目县特聘计划的组织实施，各项目县认真按照任务要求制定特聘计划实施方案，稳步推进各项工作有序开展，确保特聘计划取得实效。

（二）严格招募条件，规范录用程序

在《关于印发〈广西农技推广服务特聘计划工作实施方案〉的通知》（桂农业发〔2018〕183 号）中明确自治区特聘农技员招聘条件及程序。各项目县在特聘计划实施方案中明确了特聘农技员招募数量与服务期限、招募条件、招募程序、技术服务工作任务、服务期管理、经费安排、绩效考核等事项，规范录用程序。

（三）明确工作任务，规范签约管理

广西壮族自治区农业农村厅印发了《关于做好 2021 年广西基层农技推广特聘计划工作的通知》，明确养殖业特聘农技员的任务主要有以下四项：聚焦县域农业优势特色产业，解决产业发展技术难题，强化技术支撑；重点为脱贫户、困难户提供技术指导，开展咨询服务；宣传乡村振兴、强农惠农政策，让党和国家的农业农村政策措施深入人心；与基层农技人员结对开展农技服务，共同提升农技人员服务的专业技能和实操水平。县级农业农村部门与每位特聘农技员签订了《特聘农技员协议书》《技术服务合同》等合同协议，细化特聘农技员的服务内容和任务目标。

（四）强化经费保障，严格资金管理

在基层农技推广体系改革与建设补助项目中安排专门的经费，通过与特聘农技员签订技术服

务合同（协议），明确特聘农技员补助标准。项目资金由县财政部门统一管理，经费使用严格按照《财政部 农业农村部关于修订印发农业相关转移支付资金管理办法的通知》（财农〔2020〕10号）执行，做到专款专用。

（五）强化信息报送，做好总结宣传

及时在中国农技推广信息服务平台报送特聘计划工作动态、文件材料。项目县充分挖掘特聘计划实施的有效做法和成功经验、特聘农技人员先进事迹、可复制可推广的典型服务模式，在广西壮族自治区农业农村厅官方网站、中国农技推广 App 等平台推广宣传报道。

三、取得的成效和经验

（一）取得成效

通过实施特聘计划，充分调动了基层农业各方面的潜在技术力量，解决了部分地区产业科技支撑和人才保障不足等问题。特聘农技员为养殖场户提供技术指导和业务培训服务，示范辐射带动效果明显，加快了养殖新技术、新模式的推广，为乡村振兴提供有力技术支撑。

在南宁市武鸣区，特聘农技员指导乡村致富带头人及养殖户，提高科学种养水平。全年指导完成母牛人工授精超 1 300 头，服务村屯 120 余个，受益农户 850 多户，促进养殖户增产增收超过 1 560 万元。

在河池市南丹县，特聘农技员利用自家的瑶鸡养殖场，2021 年接待了 3 批农民近 300 人观摩学习，并将自己培育的优质南丹瑶鸡种苗低于市场价出售给当地农户，手把手传授瑶鸡生态养殖关键技术，开展技术指导 50 余次，带动超 50 户农户养殖南丹瑶鸡 300 万羽。

在河池市都安瑶族自治县，特聘农技员以该县地苏乡青水加州鲈养殖场为基地，通过“特聘农技员＋基地＋推广应用”模式辐射带动养殖户，大力推广特色淡水鱼养殖技术和模式。针对养殖场常年以四大家鱼为主要品种、产量和效益低的问题，特聘农技员从加盖遮阳网、引入微流水循环及池底充氧养殖模式、更换养殖品种为市场价格更高的加州鲈、安装过滤系统等方面，对该养殖场进行了改造提质。2021 年，该场出产加州鲈 3 000 公斤/池，总产量 6.9 万公斤，销售收入 180 万元，养殖产量及经济效益显著提高。

（二）主要经验

各项目县农业农村局以工作任务完成情况、服务对象（特别是扶贫对象）满意率、解决产业发展实际问题所取得的成效等作为主要考核指标，对特聘农技员开展绩效考评，根据考核成绩发放服务补助。同时，加强考核结果的运用，对考核不合格的人员将不再聘用，对工作负责、业绩突出、群众满意度高的人员在服务期满后优先续聘。部分项目县将特聘农技员纳入基层农技推广培训计划，不断提升其综合素质和技术服务能力。部分项目县农业农村局加大与特聘农技员及农业科研院所（校）的合作力度，对特聘农技员在指导过程中遇到的技术难题开展技术支持，为特聘农技员的知识更新提供便利条件。

宁夏固原市原州区农技推广服务特聘计划实施情况

宁夏固原市原州区是国家级脱贫县，当地立足特色产业发展中缺技术、缺服务、缺专家等实际问题，创新基层农技推广服务方式，通过政府购买服务方式全面实施农技推广服务特聘计划，从乡土专家、新型经营主体骨干、种养能手中招募有实践经验的高水平农业科技实用人才，开展产业技术指导服务，带动农民群众增收致富。

一、2021 年实施情况

2021 年，结合当地特色优势产业和农业产业发展需求，固原市原州区通过公开选聘，从农业乡土专家、种养能手、新型经营主体技术骨干中招募了特聘农技员 3 名，实施“一人带一村、一村带一镇”模式，以点为中心向外辐射带动，帮助当地农户科学发展肉牛、蛋鸡、设施蔬菜等特色产业，带动农户共同致富，取得了显著效果。

二、主要做法

（一）精准选聘

坚持“公开、平等、竞争、择优”的原则，按照有技能、有品德、有责任、有经验、有情怀与身体好的“五有一好”标准公开选聘，在原州区政府网站公开发布选聘公告，由 5 名推广系统内的副高级以上职称技术人员组成评审专家组，负责出题、评审、评分，现场确定两名评审监督员，抽取两名系统内的“两代表一委员”为旁听监督员，并邀请融媒体中心记者全程录像监督，确保将有较高技术水平、有较好科技素质、有丰富农业生产实践经验、热爱农业农村工作、责任心强、服务意识和协调能力强的高素质高技能人才被选出。选聘严格执行“三不见面”原则，即应聘人员与评审专家不见面、会务人员和评审专家不见面、应试结束人员与待应试人员不见面。

（二）精准服务

特聘农技员按照发展特色优势产业、带动农户精准创业，开展农技推广服务，为产业壮大、农民致富提供有力支撑。主要从三方面聚焦入手。**聚焦任务**。做好“指导＋解惑＋帮扶＋结对”服务，重点提供农业特色优势产业发展技术指导与咨询服务、强化科技知识培训，与基层农技人员结对开展农技服务，增强农技人员专业技能和实操水平，扩大覆盖面。**聚焦对象**。向经济薄弱、产业发展缓慢、移民安置区的村倾斜，选择 20 户养殖（种植）户进行技术指导，让大户带小户，小户带各家。**聚焦产业**。着眼原州区资源禀赋，激发内生动力，在黄铎堡镇指导发展肉牛养殖、彭堡镇指导发展蛋鸡养殖、头营镇指导发展设施蔬菜种植，进一步培强做优特色优势产业，助推特色产业区域化发展。

（三）精准管理

严格考评与管理，促进服务取得成效。谋划到位。制定实施方案，明晰实施区域、服务期限、服务任务、保障措施等内容，为特聘计划有效服务基层群众提供行动指南、打下坚实基础。**指导到位。**紧紧围绕农业主导品种和主推技术，特聘农技员入户走访，遴选20户农户作为示范户，因地制宜、因户施策制定技术指导方案，科学指导示范户发展产业、创业增收。**责任到位。**制定《原州区特聘农技员遴选办法及考核管理办法》，做到有章可循。实施层级双轮驱动，原州区农业农村局与特聘农技员签订《特聘农技员基层农技推广服务协议书》，特聘农技员与服务对象签订《特聘农技员技术指导服务合同》，做到有承诺有责任。**监管到位。**采取日常督促检查和年终考评相结合的方式，监督责任落实。采取不定期不打招呼的方式，深入示范户，了解特聘农技员服务情况，找出不足与差距；年终组成专家考评组，召开由村两委班子成员、种植（养殖）户和普通群众参与的考评会，对特聘人员指导服务情况进行全面考核评定，确保特聘农技员的工作落地落实。

三、取得的成效和经验

（一）拓宽农技推广服务渠道

通过实施农技推广特聘计划，拓宽了农技推广服务渠道，特聘农技员到示范户进行田间地头现场技术指导，在关键环节、关键农时、突发事件及农民有需求时，开展全程技术指导和服务。通过示范户建立示范载体，做到技术指导到户、技术要点到人、技术措施到田，有效解决了农技推广“最后一公里”和成果转化“最后一道坎”的问题，取得了良好的社会效益。

（二）加快新技术推广应用

特聘农技员积极参与科技示范基地建设，利用自身优势和特点，采取集中培训、分户指导、实地考察、观摩交流等方式，指导示范户应用并推广新品种、新技术，提高了农民的学习接受能力、自我发展能力和辐射带动能力，有效加快了新品种、新技术、新成果的推广应用。

（三）培育乡土技术人才队伍

通过实施农技推广特聘计划，构建“农技推广人员＋特聘农技员＋种养大户（合作社）＋农户”模式，带动壮大了一批运用现代科技知识和先进农业种养技术创业增收的乡土技术人才，扩充了服务农业农村经济发展的农村人才队伍，为农业农村经济发展注入了新的活力。

（四）助推做大特色优势产业

指导农户发展肉牛、蛋鸡、蔬菜等特色优势产业，通过举办专业知识培训班和现场观摩交流学习等进行技术指导，更新了农民现有的知识结构，拓宽了农民眼界，使先进的养殖、种植技术进一步得以示范推广运用，同时增强了产业发展防灾、抗灾、减灾能力，减少了农民投入，增加了效益产出，极大地提升了经济效益，助推特色产业进一步做大做强。

山西省阳高县农技推广服务特聘计划实施情况

为适应农业稳产保供要求，坚持农业科技推广“一主多元”布局，解决“特”“优”产业发展中科技支撑和人才保障不足等问题，山西省阳高县聚焦杏果、蔬菜、生猪三大特色主导产业，精准实施了农技推广服务特聘计划，强化农技指导服务，切实为农业发展提供强有力的技术支撑。

一、基本情况

根据全县资源禀赋、产业发展和农户需求，以杏果、蔬菜、生猪产业为服务重点，从土专家、田秀才中招募特聘农技员2名、特聘动物防疫员12名，包片包村指导服务。2021年特聘农技人员共指导服务蔬菜5.1万亩、杏果2.1万亩、规模养猪户超5 800户，推广新品种25个、新技术16项，培训1 200人次，覆盖全县12个乡（镇）超过140个村，创新了基层农技推广服务机制，解决了农户生产技术难题，助推了全县主导产业发展，为巩固脱贫攻坚成果、有效衔接乡村振兴提供了更加有力的科技支撑和人才保障。

二、典型做法

（一）特字为先，优选人员

着眼特色主导产业，坚持“来自基层、服务基层”的原则，把生产实践经验丰富、具有较高技术专长、服务意识和协调能力强、群众基础好的土专家、田秀才选聘为特聘农技员。2021年特聘果树专家和蔬菜专家均为全国劳动模范；其中，果树专业特聘农技员曾被共青团中央和科技部评为“全国青年星火带头人”，被山西省委、省政府评为“申纪兰式”的模范农民，被山西省农业农村厅和人力资源和社会保障厅评为“农村拔尖乡土人才”；蔬菜专业特聘农技员曾被农业农村部评为“最受欢迎特聘农技员”，被山西省农业农村厅评为全省高素质农民培训“百名金牌教师”和山西省优秀职业农民。

（二）活字为主，精准服务

立足农民需求，灵活服务方式，创新服务手段，精准开展农技服务。以传统线下集中培训和互联网线上精准服务相结合的模式，借助微信、腾讯会议、中国农技推广App等媒介开设“微信课堂”“田间学校”，解决农户问题1.56万个，转发农业小知识5万余条，线上发布指导信息5 600余条。与山西农业大学等科研院所和省、市专家团队建立了良好的协作机制，将先进的科研成果、绿色高效的适用技术和丰富的实践经验有机结合，发挥1+1+1>3的效果，有效提升农技人员的服务能力和农户的种养水平。

（三）合字为汇，高效整合

为加快科研成果转化落地，建立了“院校专家＋技术团队＋示范基地”“科研＋生产＋服务＋互联网”的高效协同农技推广服务模式，实现共同发展、互利共赢。全县的特聘农技员常年参加山西农业大学设施蔬菜相关研发团队工作，完成技术创新 5 大项 31 小项，其中，在阳高县大泉山有机种植专业合作社示范推广的番茄水肥一体化集成技术，可实现节水 30％以上、节肥 40％以上、节省人工 50％以上，亩产 2 万斤，亩收入 20 万元，增产增收效果显著。

（四）带字为策，示范推广

全县建设了 4 个科技示范基地，通过“特聘农技员＋基地＋农技人员＋科技示范户＋农户＋市场”的农技推广服务模式，把基地打造成新技术、新品种的展示窗和农技人员的孵化器，把成功的经验和成熟的技术推广给广大农户。特聘农技员每人至少指导 100 名农户，通过手把手教、面对面讲，悉心地传帮带，为全县培养了优秀乡土人才 1 400 余人，提高自身发展能力和对周边农户特别是小农户的辐射带动能力。

（五）利字为赢，拓宽渠道

随着蔬菜、杏果种植规模的日渐扩大，为解决菜农果农销售难的问题，特聘农技员一肩挑起传授技术的责任，一肩挑起销售果蔬的义务，在指导服务的同时，发挥自身掌握的商业资源优势，主动联系客商找市场，建立义务销售群，成功将阳高果蔬推出市场，在带动农民增产增收的同时，还打造出“阳高红”“阳高杏”等多张农产品名片。

三、取得的成效和经验

（一）补短板、强服务，实现主导产业“全覆盖”

随着传统产业蓬勃向上、新兴产业破土而出，仅仅依靠体制内的农技人员已经不能完全满足基层农技推广的需求，实施农技推广特聘服务计划有效地弥补了这一短板，通过发挥特聘农技员经验丰富、接地气、群众基础好的优势，有效构建农技人员和普通农户的桥梁纽带，实现了主导产业全覆盖服务，有力助推全县农业高质高效发展。

（二）严量化、重实效，打造大同阳高“新名片”

为增强特聘计划的可操作性和实效性，工作开展过程中实施“五个一”工作量化标准，即负责一个县产业发展、抓好一批基地试验示范、主推一类农业新技术、带动一群新型经营主体、开展一系列实用技术培训。特聘农技员充分发挥个人专长，履行帮带职责，量体裁衣、精准施策、服务跟踪，将阳高特色农产品推向市场，走出一条“特”“优”路线，打造出叫得响的阳高名片，持续为农业产业注入新动力。

上海市金山区农技推广服务特聘计划实施情况

为贯彻落实《农业农村部办公厅关于全面实施农技推广服务特聘计划的通知》（农办科〔2018〕15号）精神，上海市金山区从新型经营主体、乡土专家、农业科研单位中长期在一线开展工作的服务人员中招募特聘专家，为农技推广队伍增加新鲜血液，增强基层农技推广服务的供给能力，取得了一定成效。

一、2021年实施情况

依托2021年基层农技推广体系改革与建设补助项目，立足优质稻米、绿色蔬菜、名优瓜果、特种养殖四大主导产业优势，金山区农业农村委员会牵头实施农技推广服务特聘计划，围绕水稻、果树、经作、蔬菜、水产、疫控6条主线，从上海市农业科学院、上海海洋大学、上海市农业技术推广服务中心等科研机构的一线服务人员中特聘8名科技专家组成市级技术专家服务团，对金山各业务主线农技推广工作开展深入到位的指导和服务。同时，特聘6名长期在农业一线开展工作的社会专家，充实到全区技术指导工作中去，全方位开展技术指导，促进技术推广服务。项目实施过程中，金山区农业农村委员会加强对特聘计划的组织、指导和监督，妥善解决工作开展中遇到的困难和问题。2021年，专家服务团每人对接基地不少于1个，每年下乡联系不少于5次，对于服务对象提出的技术问题解决率不低于90%；据不完全统计，开展培训授课56次，技术咨询服务35次，现场指导140次。

二、主要做法

（一）加强组织领导

根据本地资源禀赋、产业基础、农技推广工作需要等，合理确定特聘专家。由金山区农技中心、蔬菜中心、水产站和动物疫控中心4个委属事业单位根据项目实施对特聘专家进行初步推选，经金山区农业农村委员会进行资格审查并研究确定后，形成专家服务团名单。与专家签订服务协议，制定工作计划，对接至少1个农业科技示范基地，长期开展技术跟踪联系服务。同时，建立沟通协调机制，明确1名专家助理负责跟踪联系工作，协调解决特聘计划实施过程中的困难和问题，年底提交专家工作总结，开展考核评价。

（二）强化资金保障

特聘计划的实施通过统筹利用中央财政农业生产发展资金中支持基层农技推广体系改革与建设的资金，对特聘专家给予补助。2021年，金山区制定的《关于印发2021年金山区基层农技推广体系改革与建设补助项目实施细则的通知》（金农〔2021〕215号）中明确，根据工作实际，安排市级技术专家每人 5 000 元劳务费、社会专家每人 3 000 元劳务费，劳务费总金额占项目金额的 4.26%，专家服务期为 1 年。

（三）加强总结宣传

及时总结基层农技推广服务特聘计划实施过程中的好做法好经验，形成一批可复制可推广的典型模式。利用“中国农技推广”“i 金山”“金山三农”等载体宣传特聘专家或其服务基地的先进事迹，扩大影响，营造支持特聘专家服务基层的良好氛围。

三、取得的成效和经验

（一）有力促进区域特色产业

积极提高主导品种及主推技术的到位率，依托特聘计划以及试验示范基地对主要品种、主推技术开展示范展示，主导品种和主推技术展示率达 95%。着力助推区域特色产业发展，有力打响了金山特色农业品牌。服务金山蟠桃种植产业，通过特聘专家多次实地走访诊断，针对性地解决蟠桃裂果难题，将裂果率由过去的近 90%降低至 5%；同时，培育出了“锦香”“锦园”“锦花”等不同成熟期的鲜食黄桃品种，帮助果农增加了利润空间。开展草莓新品种引进及试验示范工作，引进“雪兔”“越秀”“圣诞红”“枥木少女”“白雪公主”“桃熏”等多个草莓品种，并协助金山草莓研发中心对所有品种进行脱毒组培及基质育苗，组培苗在抗病性、长势等方面具有突出优势，为金山草莓产业发展提供了帮助。指导金山丰泽淡水鱼种场开展水产养殖尾水治理工作，特聘专家多次到现场进行实地调查，提出合理化建议，帮助基地尾水治理项目顺利开展并圆满完成验收考核。

（二）完善和提升农业技术指导服务

大力推广绿色高效适用技术，切实发挥科技对农业增效、农民增收和农产品竞争力增强的内在支撑。开展蔬菜新品种引筛、示范与推广工作，引进耐抽薹青菜、黄瓜、青茄子、苦瓜、散叶生菜、菠菜等蔬菜新品种（组合）98 个，筛选出优良品种 15 个；对近年来的上海市推荐主导与新优潜力品种进行示范种植，包括射手 101、千胜 205、金童、珍味 1 号、玉金香、浦粉一号、桃大哥等。着眼解决生菜生产机械化的短板问题，社会专家带领农户从蔬菜育苗开始到采收结束，手把手教、一步步讲，解决了农户遇到的各种生产问题，将基地生产规模由 260 亩扩大到 3 200 亩，带动农户合作社种植 2 000 余亩。疫情期间，为落实上海市绿叶菜保供任务，新增绿叶菜种植 700 亩（占全金山区新增面积的 70%），保障市民吃上放心菜、平价菜。

（三）帮助积极开展科技培训

特聘专家利用自身优势和专业特长，在项目内开展相关业务培训。2021 年，邀请市级技术专家为基层农技项目内 245 名示范户和农技员开展培训，邀请社会专家在田间学校开展技术指导和示范展示，切实增强了基层农技人员队伍和示范户的整体素质，培训满意度达 99%以上。

第四篇

重大引领性技术集成示范

稻麦绿色丰产“无人化”栽培技术集成示范

水稻、小麦是我国最主要的口粮作物，针对当前农业劳动力短缺、劳动强度大、人工作业成本上涨、生产效率低下等问题，围绕稻麦绿色优质丰产高效生产目标，系统开展耕种管收关键环节田间“无人化”作业技术研究与集成需求迫切。该技术以稻麦栽培“无人化”作业技术为核心，配套智能灌溉技术、无人机飞防植保技术、智能“无人化”收获技术，创建稻麦生产“无人化”作业技术体系，解决未来粮食“怎么种、靠谁种”的战略问题，推动粮食生产由机械化向“无人化”跨越，为粮食绿色丰产规模化、高效化提供新的重大科技支撑。

一、技术内容

（一）稻麦“无人化”精细耕整地技术

基于无人驾驶系统，整合耕地资料、农机数据，通过北斗自动导航技术规划作业路径，形成最优作业方案，实现秸秆还田与精细耕整地“无人化”作业、确保整地质量一致，有效避免重复作业，减少不必要的行驶路程。

水稻绿色丰产“无人化”耕整地作业现场

（二）水稻育秧“无人化”精确控制技术

以浸种催芽“无人化”控制技术、叠盘暗室育苗“无人化”技术和秧田“无人化”生产管理技术为核心，依托智能化浸种催芽基地，远程控制温湿供氧状态。通过流水线播种作业机械，一次性完成铺育秧底土、浇水、播种和覆土作业。通过智能机械完成播种后到叠盘暗室设备内的转场作业，待种芽立针后转移到“无人化”控温控湿智能大棚，达到缩短育苗时间、省种省工增效益的目的。

智能机械手正在转移播种后的秧盘

（三）水稻插播与小麦条播“无人化”栽培技术

采用基于北斗导航系统和无人驾驶系统的稻麦“无人化”作业机，以绿色优质丰产协同的机械化整合栽培农艺为支撑，融合机插、直播水稻与条播小麦一次性基施肥技术，以及精准播栽和施肥的“无人化”整合作业，实现沟系开挖、精准施肥、精量播种、适度镇压等环节“无人化”大田作业。

无人驾驶插秧机正在进行插秧作业

（四）稻麦智能肥水管理技术

以智能灌溉控制系统为核心，通过水位传感器感知水位高度，经物联网远程控制灌水口设备电机，实现定时、定量、全自动的稻田灌溉控制，节省时间和人工成本。以水肥一体化设备为载体，通过墒情监测系统与苗情长势诊断，经物联网远程控制设备电机，实现及时、定量的麦田肥水管理，提高肥水资源利用率。

（五）稻麦无人机飞防植保技术

选用适合飞喷的绿色高效除草剂，配套精准无人植保机实行飞喷作业，防除稻麦田间杂草。通过高效持久药剂处理种（苗），防控稻麦长穗前病虫害，重点配套中后期病虫害无人机飞防，实现稻麦生产“无人化”高效植保作业。

（六）稻麦高效“无人化”收获技术

基于智能化无人收获系统，综合地块基础信息、作物长势监测、气象预报、灾害预警等功能模块信息，采用无人驾驶谷物联合收割机及协同无人运粮车进行无人收割运粮。有效解决人员疲劳、环境条件限制等问题，实现白天、晚上连续作业，有效提高机车的使用率，降低人工成本。

无人驾驶收获机正在进行小麦收获作业

二、集成示范推广情况

在江苏、山东、黑龙江等地建立了多个稻麦绿色丰产“无人化”栽培技术试验示范基地，进行了不同生态区域的稻麦大田生产适应性试验示范。

（一）江苏

2021年在江苏大中农场、宿迁泗洪等基地开展了“无人化”直播稻和机插稻试验示范。其中，在江苏大中农场实施的优质水稻无人旱直播和无人机插试验示范，示范方的面积260亩，验收实产每亩分别为741.3公斤和793.8公斤。常州溧阳和盐城盐都基地实施的水稻机插栽培田间作业“无人化”示范，验收实产每亩超过700公斤。2020年、2021年在大中农场等地连续开展的小麦栽培田间作业“无人化”生产技术试验示范，示范面积超过1 500亩，验收实产每亩分别为566.7公斤、690.2公斤。

小麦绿色丰产“无人化”栽培技术攻关方实产验收

（二）山东

在山东建设数字化智慧农场管理平台，建设示范麦田41 209亩，实现了农田的耕、种、管、收各个生产环节的线上精准化和数字化管理。采用无人驾驶、精准决策、远程监控、作物健康管理等先进的技术及模式，节省人工成本约30%；利用测土配方施肥技术，每亩减少肥料用量10公斤，节省成本40元；将卫星、无人机遥感技术和作物模型相结合，对作物出苗和长势进行监测分析，提供精准施肥喷药建议，在有效防止病虫害的同时减少农药使用量20%。经过综合验证，每亩可节省人工、种子、肥料、农药等投入150元，提高收益120元，有效辐射周边，为落实智慧农业的应用场景与提质增效起到了示范及带动作用。

（三）北大荒农垦

2021年，北大荒农垦建三江分公司推广建设智能化浸种催芽设备55套，种子加工能力1万吨。依托智能化育秧硬盘生产厂（年加工能力900万张），推广智能化叠盘暗室育苗设备1 170套、智能化叠盘暗室育苗基地197处、硬盘1 400万张，水稻插秧面积35万亩；推广示范秧田“无人化”管理智能大棚184栋，覆盖11 040亩本田面积。在6个农场实现智能农机耕、种、

e 田智耘平台为农田生产提供智能化服务

管、收“无人化”作业全覆盖，改造升级“无人化”作业机械 4 010 台，水旱田“无人化”作业面积 470.2 万亩。

智能化浸种催芽设备正在浸种催芽

三、取得的成效和经验

（一）通过“无人化”解决“无人种”的困境

本技术体系可有效破解农村劳动力转移、稻麦生产效率与效益低下等突出问题，减少农机投入类型，更大幅度减少人工投入，达到稻麦绿色优质丰产的协同，显著提高规模化生产效率与效益，为我国未来粮食“怎么种、靠谁种”提供先进适用的技术方案，实现从现代机械化农业向智能化、“无人化”农业的跨越。

（二）建立“无人化”作业体系提高综合效益

本技术体系围绕稻麦绿色优质丰产高效规模化生产目标，通过融合创新稻麦耕种管收关键环节技术、研发田间“无人化”作业技术，率先创建水稻机插栽培和直播栽培、小麦精量条播栽培田间“无人化”作业工程技术体系，大幅度提高了劳动生产率，与常规全程机械化优质丰产栽培相比，稻麦产量、品质相当甚至有所提升，而且实现了稻麦秸秆全量还田培肥土壤，有利于持续提高稻麦产能，技术在国内外处于领先水平。

（三）瞄准市场需求促进粮食增产农民增收

本技术成果目标用户和潜在用户数量巨大，涵盖追求规模化效益的广大农场主、高素质农民、农民专业合作社等，以及相关农机装备制造、智能化产品（传感器与软件）研发单位与相关企业，市场经济效益潜力巨大。示范结果显示，大面积田间生产“无人化”作业率达80%以上的，稻麦单产较前三年平均提高5%～10%，每亩减少成本100～150元，生产效率提高30%以上。

（四）建立有效机制模式推动技术研发熟化推广

以实施“稻麦绿色丰产‘无人化’栽培技术集成示范”为抓手，以问题为导向，以“无人化”整合栽培技术为主线，以骨干创新团队为支撑，以基地为平台，构建农业科研、教学、企业、推广单位和新型经营主体、农业行政部门等有机结合的协同推广创新联盟，建立“政产学研推企”多方主体上下贯通、左右衔接的协同推广模式和机制，实现攻关创新、集成熟化、示范展示的紧密结合，有效推进了稻麦绿色丰产“无人化”栽培技术的集成创新，并积极开展技术熟化示范与推广。

水稻大钵体毯状苗机械化育插秧技术集成示范

水稻大钵体毯状苗机械化育插秧技术结合水稻钵体苗栽培高产优质的农艺技术优势和机插秧高效精准机械化作业优势，系统集成了大钵毯苗秧盘、精准对位精量播种、秧苗秧期综合管理、高速机械栽插等关键技术，有效地缩短了插秧后秧苗缓苗期、延长了适宜机插秧龄，形成了水稻大钵体毯状苗机械化育插秧技术体系，解决了双季稻区和东北寒地稻区水稻适宜生育期不足难题，为双季稻机械化作业开拓一条新的技术模式。

一、技术内容

水稻大钵体毯状苗机械化育插秧技术是通过钵形毯状秧苗，配套适时移栽、群体调控、肥水管理、病虫防治等技术，实现高产高效。技术路线如下：

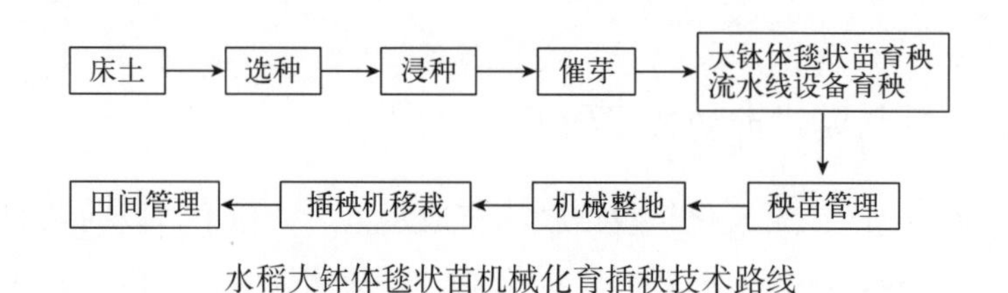

水稻大钵体毯状苗机械化育插秧技术路线

关键技术要点为：

（1）选用水稻大钵体毯状苗专用软塑穴盘育苗，其中钵体深度16毫米，钵体数14×30＝420穴。

（2）育苗基质土最好选择田园土，按每盘3～4公斤准备，应提前晒干、捣碎、过筛；也可选用配制好的育秧基质作为营养土育秧。

（3）苗床的宽度根据育秧盘的长宽而定，为防止育秧盘底部窜根，在床面铺放一层无纺布，必要时在育秧苗床上方搭建简易遮阳防雨降温覆盖膜棚。

（4）播前应晒种、脱芒、精选种子、消毒、浸种、催芽；播种时，以每穴内有3～5粒种子为宜，宜采用机械化播种流水线作业，一次完成铺底土、播种、覆土、洒水等工序；播后应及时浇水，盖膜增温保墒。

（5）应采用旱育苗方式，盘土以湿润为主；根据气温和长势适时揭膜炼苗；适时追肥，追肥次数和追肥量根据秧龄和苗情而定，插秧前2～3天追施送嫁肥。

（6）应做好前茬水稻灭茬工作，田面呈汪泥汪水（花达水）状态，沉实后再进行栽插；应根据当地土壤肥力施足基肥，也可采用带侧深施肥装置的插秧机作业。

（7）按照比常规插秧机作业的栽植密度降低10％的栽植亩穴数，适时开展机插秧作业；插秧时最佳苗高为20厘米，一般控制在15～25厘米。

（8）插秧后应保持田面湿润，遇雨应及时排出积水，防止漂秧；田间管理应注重肥水管控，注意预防病虫草害。

二、集成示范推广情况

水稻大钵体毯状苗机械化育插秧技术，由中国农业大学、江西省农业技术推广中心、农业农村部农业机械化总站联合作为技术支撑单位，开展集成示范推广工作。

（一）对比关键技术

2021年4月，农业农村部农业机械化总站联合江西省农业技术推广中心在江西省南昌市组织开展了南方双季稻区机械化栽植技术对比试验，实测水稻大钵体毯状苗机械化育插秧技术在早稻、晚稻生产全过程，以及毯状苗机插秧、钵苗摆栽、有序抛秧、精量穴直播等技术的农资投入、劳动力使用、水稻产量、经济效益等指标，验证技术的先进性、适用性和安全性，探索最佳有效生产模式。

（二）组织专题培训

2021年3—11月，农业农村部农业机械化总站在江西省南昌市举办南方水稻机械化生产补短板促全程培训班，将大钵体毯状苗机械化育插秧技术作为重要的培训内容，邀请中国农业大学宋建农教授讲解技术要点，展示机具操作，培训省级师资人员70余人，推进了该技术在全国同类地区应用。同时，联合江西省农业技术推广中心在瑞昌市和樟树市先后两次组织技术交流观摩会，引领带动市、县开展技术培训及现场演示活动50余次，累计培训人数超过1万人次，发放宣传资料近万份。

（三）开展试验示范

2021年，在江西省樟树市、奉新县、临川区、铅山县、万年县和恒湖农场等地建立了6个核心示范区，对水稻大钵体毯状苗机械化育插秧技术进行了大面积示范推广，累计在江西省完成技术示范面积39 034亩，其中，早稻11 318亩，再生稻4 237亩，中稻7 646亩，晚稻15 833亩；并引领带动周边种植户学习掌握该技术关键要点，取得了良好的效果。

（四）凝练生产模式

在试验示范基础上，研发专家和推广专家深度合作，结合江西省农业生产条件探讨总结关键核心技术，凝练全程机械化生产模式，编制发布《水稻大钵体毯状苗机械化育插秧技术应用示范手册》1本，制定《水稻大钵体毯状苗机械化育插秧技术规程》，总结形成育秧生产线和大田泥育旱管两套育插秧生产模式，并制定了相关操作规程，录制完成了操作演示视频，有力推动了技术集成。

三、取得的成效和经验

（一）实现了技术集成创新

通过科研院校、生产企业、推广机构、新型经营主体协同推广，部、省、市、县联动推广，农机、农艺融合推广，细化了技术路线，解决了实际问题，凝练了全程机械化生产模式，实现了技术集成创新，推动了技术大面积普及应用。

（二）促进了水稻增产增收

据江西省测产对比，该技术平均亩产 479.5 千克，与传统机插秧作业亩产 408.36 千克相比，每亩增产 71.14 千克，增幅达 17.3%，增产效果显著；与传统机插秧作业相比，虽然增加了 20 元/亩左右成本，但仍增加了 150 元/亩的综合收益。

（三）解决了双季稻生产难题

双季稻区水稻生产存在茬口紧、生长期不足、倒春寒和寒露风危害大等问题，通过水稻大钵体毯状苗机械化育插秧技术实现了秧苗上毯下钵，大大降低了返青期，该技术成为解决双季稻生产难题的一项重要发展思路。

水稻机插缓混一次施肥技术集成示范

一、技术内容

（一）技术基本情况

随着水稻生产规模经营的快速稳定发展，水稻生产机械化得到快速发展，但水稻施肥的问题凸显：①氮肥施用量大，长江流域稻区尤为突出；②优化的施肥次数多，劳动强度大；③施肥方式落后，以人工撒施肥为主，施肥效果差，稻田氮肥损失现象严重；④简单低效的“一炮轰”现象有反弹趋势。

为解决上述问题，科学家们研发了水稻机插侧深施肥技术及新型缓控释肥技术，均有效减轻了劳动强度，并提高氮肥利用率5%左右。但目前的新型缓控释肥难以保证水稻全生育期的养分需求，为了保证稳产高产，水稻仍然需要施用穗肥。

在国家重点研发计划、江苏省重点研发计划等项目支持下，南京农业大学等单位通过多年多点的试验研究和示范应用证实：将不同释放速率的缓控释肥进行科学混合组配，使得混配肥料养分释放规律与优质高产水稻二次吸肥高峰同步，创造了一次施肥满足水稻一生优质高产所需的“缓混肥”。水稻机插缓混一次施肥技术以专用缓混肥为核心，结合机插侧深施肥技术、水分精确灌溉和穗肥精确诊断，达到水稻“一次轻简施肥、一生精准供肥”，实现水稻的高产、优质、高效、生态和安全生产，是一项经济、环保、高效可行的先进实用技术。

（二）技术要点

1. 核心技术

（1）缓混肥的选用。 选用由多种缓控释肥经过科学组配形成的水稻专用缓混肥，氮释放特性与当地优质高产水稻需氮规律同步，要求粒型整齐、硬度适宜、吸湿少、防漂浮，适宜机械侧深施肥；根据测土配方施肥结果确定缓混肥的氮、磷、钾比例，肥料氮含量30%左右。

（2）机插侧深施肥。 精细平整土壤，耕深达15厘米以上，选用有气力式侧深施肥装置的插秧机，根据田块长度调整载秧量和载肥量，实现肥、秧装载同步；每天作业完毕后要清扫肥料箱，第二天加入新肥料再作业。

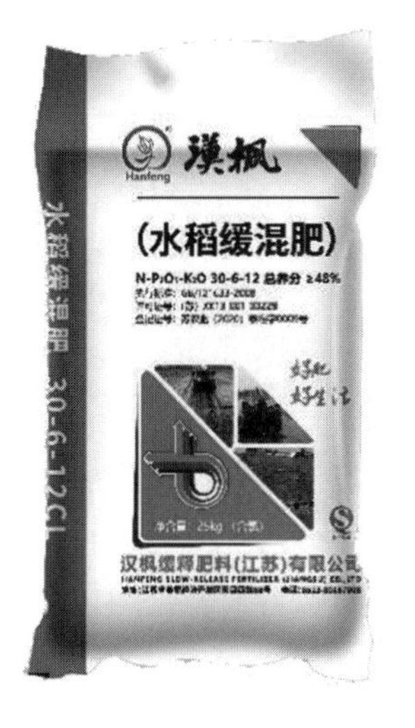

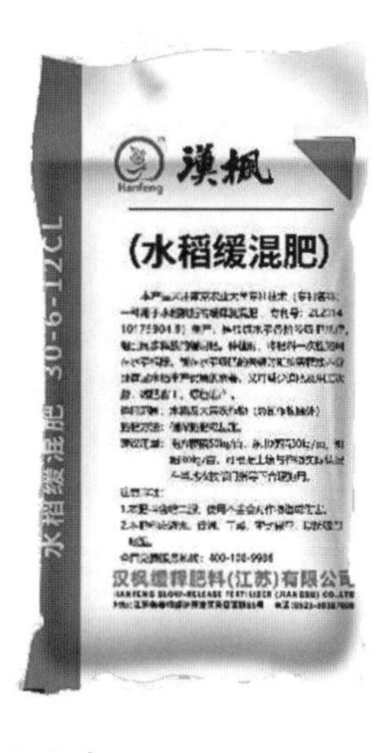

水稻专用缓混肥（$N-P_2O_5-K_2O$ 为 30－6－12）

水稻机插侧深施肥

机插侧深施肥效果

（3）精确诊断穗肥。水稻倒 3 叶期根据叶色诊断是否需要穗肥：如叶色褪淡明显（顶 4 叶浅于顶 3 叶），则籼稻施用 3 公斤、粳稻施用 5 公斤以内的氮肥；如叶色正常（顶 4 叶与顶 3 叶叶色相近），则不用施用穗肥。

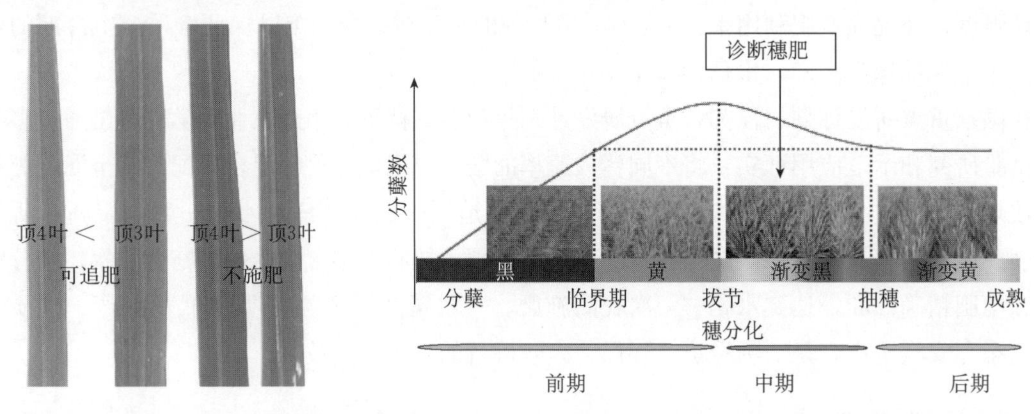

利用幼穗分化期（倒 3 叶期）顶 3 叶和顶 4 叶叶色对比诊断

利用 SPAD 仪或氮平衡指数测量仪快速、精准地诊断叶色

（4）精确灌溉技术。移栽返青活棵期湿润灌溉，秸秆还田田块注意栽后露田，无效分蘖期至拔节初期及时搁田，拔节至成熟期干湿交替，灌浆后期防止过早脱水造成早衰。

2. 配套技术

(1) 精细整地技术。根据茬口、土壤性状采用相应的耕整方式，一般沙土移栽前1～2天耕整，壤土移栽前2～3天耕整，黏土移栽前3～4天耕整。要求机械作业深度15～20厘米，田面平整，基本无杂草、无杂物、无残茬等，田块内高低落差不大于3厘米。移栽前需泥浆沉淀，达到泥水分清，沉淀不板结，水清不浑浊，田面水深1～3厘米。

(2) 集中壮秧培育技术。采用旱育微喷育秧技术等培养机插均匀壮秧，秧苗均匀整齐，苗挺叶绿，茎基部粗扁有弹性，根部盘结牢固，盘根带土厚度2～2.3厘米，起运苗时秧块不变形、不断裂，秧苗不受损伤。

(3) 绿色防控技术。坚持“预防为主、综合防治”的方针，采用农业防治、物理防治、生物防治、生态调控以及科学、合理、安全使用农药的技术防治病虫草害。

二、集成示范推广情况

南京农业大学、江苏省农业科学院、江苏省农业技术推广总站等单位，会同省内技术研发、推广单位和企业，在水稻精确定量栽培技术基础上，以满足机插水稻高产吸氮规律的专用缓混肥研发为核心，开展了多年的技术研发与示范应用。2013年申请水稻机插专用发明专利并形成专利物化产品，2017年开始在江苏、安徽等省12个县示范应用，2019年快速发展到长江中下游22个县并开展了大田对比和百亩示范，建立百亩示范方100多个，示范应用面积超过10万亩。

技术入选2020—2021年江苏省重大农业推广技术，2020年和2021年连续两年入选农业农村部十项重大引领性技术。示范推广面积呈现几何级增长。据不完全统计，2021年江苏、安徽、浙江、上海等水稻主产区推广应用面积超过300万亩，效果显著。

三、取得的成效和经验

(一) 提质增效情况

对江苏2017年的11个示范县、2018年19个示范县、2019年的22个示范县、2020年的27个示范县以及2021年设置的大田对比试验进行了跟踪调查，综合效果如下：

丰产高效：平均增产6.0%以上；其中，2017年平均增产11.0%、2018年平均增产7.0%、2019年平均增产6.0%、2020年平均增产4.5%、2021年抽样调查百亩示范方平均增产5%；2020年经全国专家现场认证，节本增效显著。

提质增效：垩白率降低0.6%～7.1%，垩白度降低3.1%～12.7%，整精米率提高0.6%～1.0%，食味值提高7.5%～8.3%。2021年水稻机插缓混一次施肥技术多个示范方稻米品质获得省市稻米品比金奖。

高效：减少施肥用工3～4次，氮肥施用量可降低20%～30%，氮肥利用率较常规分次施肥提高15%以上，每亩肥料成本减少10元左右；综合节本增效100元/亩以上。

生态环保：氮淋溶损失减少42.8%，稻田氨挥发损失减少约42.6%，稻田N_2O排放减少约40.7%，碳排放减少30.0%左右。

2020年，在江苏省张家港市农义村水稻超高产攻关百亩示范方，首次应用水稻机插缓混一次施肥技术进行高产攻关，总施氮量 17.5 千克/亩，经过实割实测，平均亩产达到了 994 公斤，其中最高田块单产达到 1 036.7 公斤/亩，创下当年太湖稻区丰产纪录。

（二）组织管理经验

1. 多部门联动

水稻机插缓混一次施肥技术集合了栽培、农机和土肥等几个方向的科技成果，因此，需要相关方面的技术研发、推广部门和生产企业的协同推动，从而保证技术的顺利推广。

2. 加强建设核心示范，带动作用显著

通过以高水平试验示范基地为核心，在生长关键时期召开现场观摩会，彰显了技术亮点，加强了指导与检查的力度，提高了技术的显示度与影响力，不仅引来省内而且还引来省外同行前来观摩交流，影响与带动作用显著。

3. 强化社会媒体宣传

2017—2021 年，水稻机插缓混一次施肥技术在江苏、浙江、安徽推广示范点达到 36 个，其应用成效得到了市级部门、地方政府特别是农民群众的充分认可。在此基础上，课题组联合《农民日报》、新华社、《中国科学报》等主流社会媒体，多次对技术示范成效进行了广泛的宣传，有力地促进了水稻机插缓混一次施肥技术的推广应用。

蔬菜流水线贴接法高效嫁接育苗技术集成示范

一、技术内容

嫁接是国际公认的蔬菜克服连作障碍的环境友好型栽培技术措施，但嫁接育苗用工多、劳动强度大、成本高，严重制约嫁接栽培技术推广应用，为此，项目组深度解析嫁接育苗技术链与生产链，通过理论创新、方法创新、装备创新和集成创新，创制了蔬菜流水线贴接法高效嫁接育苗技术，显著提高嫁接工效，破解了嫁接育苗用工多、成本高“硬核”问题，为蔬菜生产“双减”、绿色高效提供了技术支撑。

（一）套管贴接法

针对嫁接工序多、机械适配性差，发明了茄果类蔬菜双萌蘖嫁接苗培育方法、瓜类蔬菜砧木零子叶顶端套管嫁接育苗方法。

对于茄果类蔬菜，如番茄、辣椒、茄子，套管贴接法的步骤是砧木、接穗幼苗胚轴处 30°斜切，两个斜切面纵向贴合，圆形柔性塑料套管固定，愈合后接穗打顶，促腋芽萌发，形成双干或多干嫁接苗。该方法革新了常规的劈接法，切削工序由原先的 5 次（砧木平切 1 次，中间劈切 1 次，接穗平切 1 次，楔形切削 2 次）减少至目前的 2 次（砧木斜切 1 次，接穗斜切 1 次），显著缩短切削用时，切削角度一致，利于切削面紧密接合。固定件用圆形柔性塑料套管替代平口嫁接夹，易操作，固定牢。同时，套管贴接法也为砧木、接穗小龄苗嫁接和机械化切削提供了先决条件。

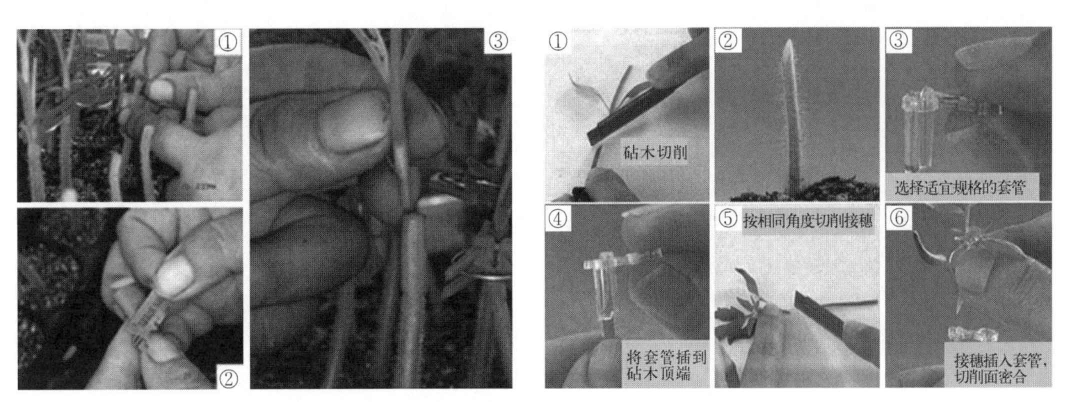

茄果类蔬菜劈接法（左）和套管贴接法（右）

注：常规茄果类蔬菜劈接法的特点是砧木和接穗共需 5 次切削，工序多；平口嫁接夹固定，不牢易松动；砧木茎粗要求大于 3.5 毫米，不适于小苗龄嫁接；机械适配性差。本技术茄果类蔬菜套管贴接法的特点是砧木和接穗共需 2 次切削，工序简化；柔性套管固定，牢靠，不宜松动；砧木和接穗茎粗 1.5 毫米以上即可，适于小苗龄嫁接；机械适配性好。

对于瓜类蔬菜，如西瓜、黄瓜、甜瓜、冬瓜等，砧木幼苗在顶端生长点下端5毫米处45°斜切，接穗幼苗在距离子叶8～10毫米下胚轴处45°斜切，两个斜切面纵向贴合，柔性塑料套管固定。该方法革新了常规的顶插接法（去除砧木幼苗生长点和心叶，顶端斜向插孔，接穗斜切，插入砧木顶端插孔，嫁接夹固定），彻底切除了砧木顶端生长点和子叶，防止了砧木顶端生长点萌蘖再生和后期多次去萌蘖，避免了伤口病原菌侵染以及砧木肥大子叶造成的株间郁闭，增加嫁接苗株间空气流动性，显著降低病害发生率。

常规瓜类蔬菜顶插接法

注：该方法的操作为掐除砧木生长点和心叶，顶端斜向打孔，切削接穗，取出插针，立即插入接穗，平口嫁接夹固定。缺点是操作工序多，劳动强度大，后期去萌蘖，费工且病原菌易侵染，不适于机械操作。

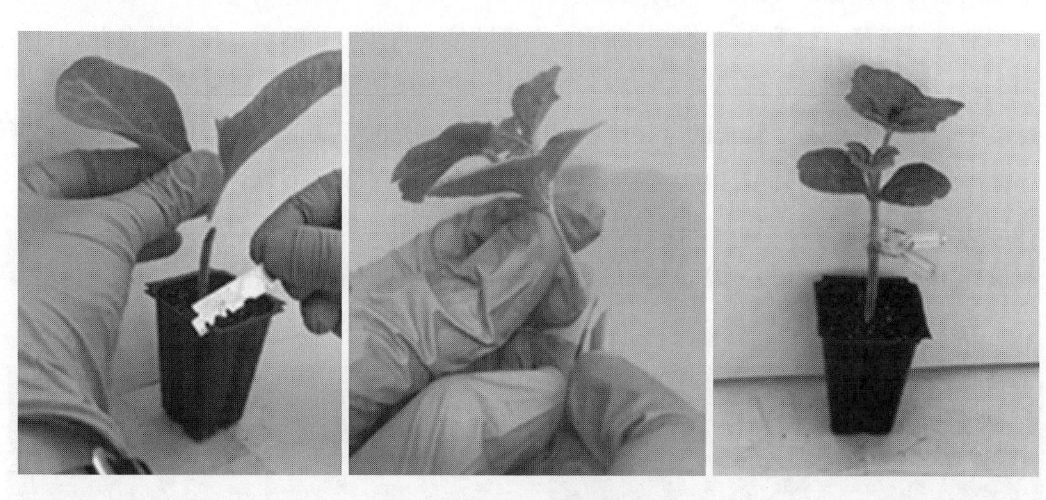

瓜类蔬菜零子叶套管嫁接法

注：该方法中，砧木和接穗共切削2次，砧木生长点和子叶全部切除，无后期萌蘖再生，节省用工，增加了株间通透性，病害显著降低，且适于机械化操作。

（二）嫁接流水线作业

针对嫁接辅助机具缺乏、劳动强度大、效率低等问题，发明了嫁接专用单列穴盘、接穗保鲜盒、嫁接切削装置、嫁接传送装置，组装应用，实现了嫁接操作流水线作业，即：砧木幼苗传送带、接穗幼苗传送带、嫁接苗传送带立体分层布局，机电驱动，两侧设置嫁接工位，形成嫁接作业平台；接穗幼苗切削后批量放入底部带弥雾发生机构的接穗保鲜盒，再放入接穗传送带；砧木幼苗先放入单列穴盘，再放入砧木传送带；嫁接工随手从传送带获取砧木和接穗，应用嫁接切削装置进行切削、接合、固定；嫁接后嫁接苗放入嫁接苗传送带，专人负责接收。该方法革新了常规单人或双人分散、纯手工嫁接作业，改善了嫁接环境，流水线作业显著提高嫁接操作舒适度、标准化程度和嫁接工效。

常规单人或双人分散、全手工嫁接作业（左）和嫁接流水线作业（右）

（三）底部潮汐灌溉施肥技术

针对顶部喷灌嫁接接合部触水易腐烂、水肥利用率低等问题，发明螺旋可调高苗床支架、潮汐灌溉育苗槽、营养液等离子体消毒方法，创制了蔬菜嫁接育苗全程底部灌溉施肥技术，即：净化或超滤处理的水，注入储水池，幼苗需要灌溉时，泵入进水管路，施肥机按设定注入肥料，经快开阀进入潮汐床箱，在基质孔隙毛细管吸力作用下，水分和养分从穴盘底部排水孔缓慢进入基质，达到灌溉指标后，床箱中剩余的肥料溶液再经快开阀、回水管路，流入回液池，经过滤、消毒，进入储液池，下次再用来灌溉，储液池肥料溶液经施肥机检测、调配，重复循环使用，实现了水或肥料溶液智能、精准、循环利用，减少用工和肥料溶液无效排放，提高幼苗整齐度和嫁接利用率。底部潮汐灌溉替代顶部喷灌，避免幼苗茎叶特别是嫁接接合部直接触水，显著降低空气湿度和病害发生率。

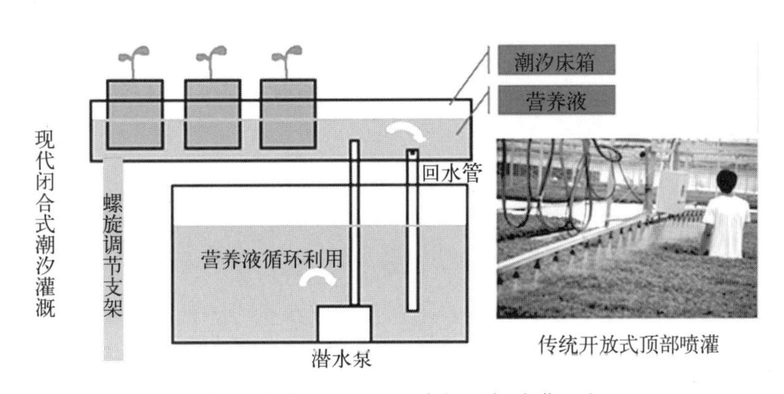

底部潮汐灌溉（左）和常规顶部喷灌（右）

以上核心技术，与优良砧木品种、愈合期环境精准调控技术、茄果类蔬菜嫁接后砧木残株扦插再利用和接穗残株腋芽萌蘖再利用技术、环境-物理-化学幼苗株型综合调控技术、全程病虫害绿色防控技术等相配套，创新了蔬菜嫁接育苗技术，实现了蔬菜嫁接育苗轻简高效。

二、集成示范推广情况

第一，结合承担“十三五”国家重点研发计划、国家现代农业产业（大宗蔬菜）技术体系资助项目等，充分发挥项目内科技资源优势，如学科优势、人才优势、地域优势、资金优势等，将技术成果向全国主要产区快速转移。

第二，与全国农业技术推广服务中心协同工作，利用全国农业技术推广服务体系，2021 年度举办 27 个省份参与的蔬菜科技培训，现场展示与视频发布相结合，以各省级推广部门为桥梁，将技术成果向各省份推广。

第三，依托全国大型蔬菜集约化育苗基地，如山东伟丽种苗有限公司、山东安信种苗股份有限公司、盘锦鑫叶现代农业科技有限公司、当阳市弘杨种苗有限责任公司、河南三门峡市思瑞达农业种植有限公司等，建立技术示范基地，以基地为“点”向外辐射。

第四，2021 年 7 月，在杭州举办“全国第十一届蔬菜规模化高效育苗技术经验交流会”，宣讲和推介了蔬菜集约化育苗新产品、新方法、新装备、新技术，实地观摩了嫁接设备制造商杭州赛得林智能装备有限公司、技术应用单位杭州康成农业科技有限公司，有效推动技术成果推广应用。

三、取得的成效和经验

采用本技术，基本实现了蔬菜嫁接轻简化流水线作业，使嫁接工效由原来的 150～200 株/(时・人）提高至 350～420 株/(时・人)，提高 1 倍以上；提高了嫁接操作标准化程度，降低了苗期病害发生率，嫁接成苗率提高 5%～8%；适于小苗龄嫁接，缩短苗龄 10～20 天；底部潮汐灌溉替代开放式顶部喷灌，水肥利用效率提高 50%以上；综上，单位嫁接苗量节约用工 50%～65%，嫁接育苗成本降低 60%以上，节本增效显著。技术推广应用，促进了蔬菜嫁接苗批量规模化生产、企业化经营，支撑蔬菜产业绿色高效发展。

通过产、学、研、推等多单位高效协作，采用技术示范、视频发布宣传与培训，在全国蔬菜主产区推广，据河北、河南、辽宁、湖北等 12 个省份初步统计，2021 年采用本技术累计生产蔬菜嫁接苗 80 亿株以上，种植面积近 500 万亩，经济效益显著。

草地贪夜蛾综合防控技术集成示范

一、技术内容

开展草地贪夜蛾灯诱、性诱和食诱技术及 Bt 工程菌 G033A 防治草地贪夜蛾技术（周年繁殖区）、植保无人机撒施颗粒剂技术示范推广。在草地贪夜蛾发生严重地区和地块，利用 12%甲维·茚虫威水乳剂在幼虫 3 龄前进行防治，选择高效精准施药机械在清晨或傍晚施药。将 12%甲维·茚虫威水乳剂 1 000～1 500 倍喷雾药喷洒在心叶、雌穗和雄穗等草地贪夜蛾为害的关键部位，防治效果在 85%以上，对玉米安全。

二、集成示范推广情况

草地贪夜蛾性诱剂在海南省儋州市和三亚市的试验示范结果显示，对草地贪夜蛾具有良好的田间引诱活性，平均每天每个诱捕器引诱 25 头，显著高于市售诱芯 5 头，且专一性也高于市售诱芯。2021 年 5—8 月于云南省寻甸回族彝族自治县、江城哈尼族彝族自治县开展草地贪夜蛾食诱、性诱及灯诱监测相关研究示范。性诱剂可高效诱集草地贪夜蛾。单个诱捕器日最高诱虫量为 110 头，8 个诱捕器共诱捕到 11 193 头雄蛾。性诱监测可用于草地贪夜蛾防控，诱集数量呈季节性变化，在 4 月初较少，5 月下旬、6 月下旬和 8 月下旬出现高峰。高空灯诱可用于草地贪夜蛾成虫防控。高空测报灯单灯最大诱虫量为 1 202 头/天。高空灯诱可用于草地贪夜蛾测报，诱捕数量在 5 月下旬、6 月下旬出现小高峰，8 月中旬出现大高峰。食诱剂可成功诱集到草地贪夜蛾成虫。监测期间 24 个诱捕器共诱捕雌蛾 311 头、雄蛾 85 头，雌蛾占比为 78.54%，诱捕雌蛾数量明显高于雄蛾。

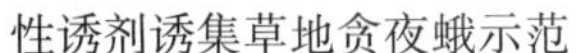
性诱剂诱集草地贪夜蛾示范

食诱剂田间诱集草地贪夜蛾示范

开展了以无人机撒施工程菌 G033A 可湿性粉剂和颗粒剂为主，辅以绿僵菌、昆虫病毒和低毒化学农药甲维盐的综合防控技术的推广示范。G033A 可湿性粉剂（每毫克 32 000 IU，200 克/

亩）对草地贪夜蛾的田间防治效果均可达到 85%，颗粒剂（每毫克 32 000 IU，150 克/亩）防治效果高于可湿性粉剂，可达 90%；同时，G033A 两种剂型与绿僵菌、昆虫病毒和甲维盐按推荐剂量的一半组合使用时，也对草地贪夜蛾展现了良好的田间防治效果。在草地贪夜蛾周年繁殖区云南省石林彝族自治县、广东省惠州市和迁飞过渡区、安徽省宿州市和阜阳市太和县累计示范面积 3 500 亩，辐射面积 10 万亩。

适于植保无人机撒施防治草地贪夜蛾的颗粒剂目前仍处于产品登记过程中。因此，在获得农药登记证以前，只小规模示范植保无人机撒施颗粒剂防治草地贪夜蛾。这一技术在过去一年的示范推广主要在广西壮族自治区和广东省的甜玉米上进行。示范推广的地点分别是桂林市兴安县和广州市增城区，其中，桂林市兴安县在大喇叭口期甜玉米植株上进行，面积约 60 亩；广州市增城区在小喇叭口期和拔节期甜玉米植株上进行，面积约 25 亩。

植保无人机撒施颗粒剂防治大喇叭口期甜玉米上草地贪夜蛾（桂林市兴安县）

植保无人机撒施颗粒剂防治拔节期甜玉米上草地贪夜蛾（广州市增城区）

2021 年在江西省南昌市新建区乐化镇、江苏省句容市白兔镇、广西壮族自治区南宁市武鸣区及云南省临沧市镇康县勐捧镇、永德县小勐统镇、景洪市勐龙镇开展了 12%甲维·茚虫威水乳剂 1 000～1 500 倍液叶面喷雾防治草地贪夜蛾的示范推广应用，示范面积累积 1 400 多亩次，对草地贪夜蛾的防治效果达 90%以上。

12%甲维·茚虫威水乳剂防治草地蛾的示范

三、取得的成效和经验

食诱剂、性诱剂和高空灯诱均可用于监测、防控草地贪夜蛾。在3种诱捕方式中，性诱剂及高空灯诱效果最好。性诱剂还具有专一性强、灵敏度高等优点，因此可作为草地贪夜蛾监测和防控的最优措施。但性诱剂只能诱杀雄蛾，因此在生产上需要联合高空灯和食诱剂协同监测防控，最大限度降低草地贪夜蛾的种群数量，减少田间落卵量，控制草地贪夜蛾为害。

工程菌G033A可湿性粉剂和颗粒剂都可采用无人机撒施，代替人工施药，提高作业效率和精准率，节约用药成本和人工成本。两者与甲维盐混配对防治草地贪夜蛾具有协同增效作用，在用量都减半的情况下，7天后田间防治效果仍能达到85％以上，此举能有效减少化学农药用量，提升产品质量。目前，工程菌G033A已在广东、广西、安徽等16个省份累计推广示范20万亩，该产品获第十四届中国农药工业协会农药创新贡献奖一等奖、第十二届大北农科技奖二等奖和中国农业科学院2021年度重大成果产出。

植保无人机撒施颗粒剂防治拔节期和大喇叭口期甜玉米上草地贪夜蛾效果良好，撒施0.7％氯虫苯甲酰胺·甲维盐颗粒，颗粒撒施剂量1千克/亩对草地贪夜蛾的防治效果可以达到90％以上。但植保无人机撒施颗粒剂不适于防治小喇叭口期甜玉米上草地贪夜蛾，原因在于小喇叭口期甜玉米植株过于弱小，植保无人机强大下压风场会将玉米植株吹倒，致使颗粒不能有效落入玉米植株的喇叭口内。

比较了氯虫苯甲酰胺·甲维盐颗粒、氯虫苯甲酰胺·虱螨脲颗粒、氯虫苯甲酰胺·虫螨腈和虱螨脲·甲维盐颗粒等4种颗粒在相同剂量下对草地贪夜蛾的防治效果差异，结果表明氯虫苯甲酰胺·甲维盐颗粒对草地贪夜蛾的防治效果优于其他3种颗粒。

在玉米的不同生育时期，草地贪夜蛾发生严重时，用12％甲维·茚虫威水乳剂1 000～1 500倍液均匀喷洒在玉米心叶等草地贪夜蛾为害的关键部位进行应急防治，选择在幼虫3龄前进行防治，效果最好，防治效果在85％以上，可作为草地贪夜蛾应急防治的主推技术。

苜蓿套种青贮玉米高效生产技术集成示范

一、技术内容

针对北方大部分地区雨热同季的气候特点，重点在黄淮海地区，提出苜蓿套种青贮玉米高效生产技术。主要内容简要概括为：在相对凉爽干燥的春季进行紫花苜蓿干草生产，收获1～3茬后在苜蓿行间套种青贮玉米转为青贮玉米生产，舍弃苜蓿夏季产量仅作为地被植物，并于秋季一同混收青贮玉米和苜蓿，既可以有效利用夏季光雨热资源，也不影响苜蓿春季生产，实现了苜蓿和玉米的优势互补。

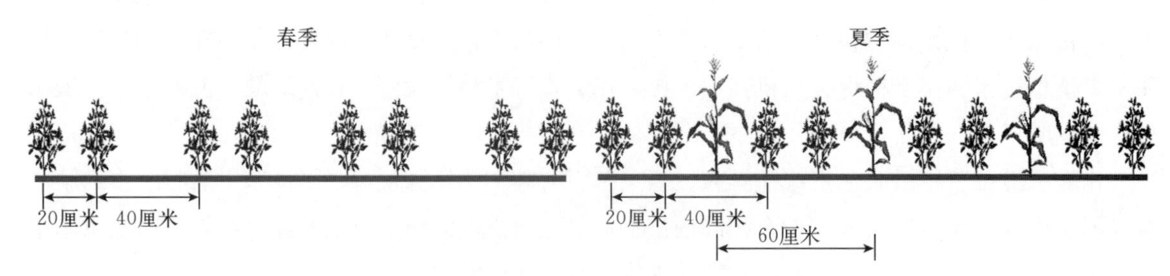

苜蓿套种青贮玉米种植模式示意

关键环节如下：

（1）苜蓿以20厘米—40厘米—20厘米宽窄行播种，秋播为宜。

（2）夏季苜蓿收获后在其40厘米行间立即套播青贮玉米，密度为3 000株/亩。

（3）玉米播种后3～7天内喷施玉米除草剂丁·异·莠去津，抑制苜蓿过快再生，浓度为120～150毫升/亩。

（4）至青贮玉米收获季利用青贮收获机械统一收获青贮玉米和苜蓿，并制作混合青贮。技术流程如下图所示。

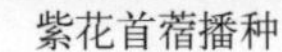

紫花苜蓿播种　　夏季套播青贮玉米　　套种初期喷施除草剂

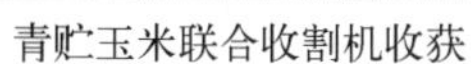
青贮玉米联合收割机收获

秸杆收获机收获

苜蓿春季收获

苜蓿套种青贮玉米技术流程

二、集成示范推广情况

全国畜牧总站、中国农业大学草业科学与技术学院和国家牧草产业技术体系有关专家立足各地区的生产实际，组建技术集成示范专家指导团队，积极开展示范推广工作。充分利用国家牧草产业技术体系在各适宜地区的综合试验站，创建示范县和示范企业。在企业建立长期示范基地，以此为展示窗口，进一步向周边辐射。目前，已经与河北黄骅市丰茂盛园农业科技有限公司、河北保定蠡县洪新光伏设备制造有限公司、山东德州领翔牧业有限公司、山东滨州赛尔生态经济技术开发有限公司、陕西宝鸡千阳县上店村经济发展合作社、山西永济市超人奶业有限责任公司等牧草种植企业展开合作，为该技术今后的示范推广打下了坚实的基础。2021 年以来，在华北、西北和农牧交错带等适宜地区加大推广范围，在河北、山西、内蒙古、河南、山东、陕西、宁夏等 7 个省（自治区）的 12 个市（县），建立多个长期核心研发与示范基地，总面积达 2 000 亩，带动各地饲草种植转型。

三、取得的成效和经验

（一）取得成效

经过评估，采用该技术每年的干物质产量和粗蛋白产量均较单作显著提高，土地利用效率较单作提高了 29%；与华北平原大面积种植的冬小麦夏玉米系统相比，该苜蓿玉米套作系统的单位产量氮肥和灌溉用水的消耗量分别降低了 58.2%和 48%，但净利润并没有降低，且种植苜蓿多年后，有效改善了耕地表层土壤质量。这一技术不仅可以提高雨热同季地区的饲草自给能力，对于提高环境效益也有着重要的意义。2017 年，该技术在陕西府谷县、关中地区推广 2 100 亩，单位面积饲草产量增加 16%，综合经济效益提高 15%以上，带动该区域内主栽饲草及配套模式应用转型，有效改善生产上优质饲草料缺乏和种植业结构单一、效益低下的问题。

（二）主要经验

一是组建强大的技术集成示范专家团队。全国畜牧总站、中国农业大学草业科学与技术学院、国家牧草产业技术体系有关专家，联合华北、西北和北方农牧交错带的岗位科学家和试验站，以及机械、饲草加工利用和病虫害防治专家，组建了苜蓿套种青贮玉米高效生产技术专家指导团队，充分利用专家的技术优势，使推广示范工作更易开展。

二是科企联动，建立一线示范推广基地。苜蓿套种青贮玉米技术研发团队积极与企业、农户合作，尽可能在实践中检验技术的可行性，及时发现问题，解决问题。如衡水金禾惠农业发展有限公司，是与衡水综合试验站合作多年的牧草种植企业，至 2021 年，该公司的苜蓿套种青贮玉米面积已达到了 1 300 亩，年收益达到 1 600～1 700 元/亩（不排除地租），效益显著高于普通种植。

三是打造核心技术研发平台，不断完善技术配套。依托国家牧草产业技术体系在济南、青岛、衡水、沧州、太原、咸阳、盐池、乌兰察布、赤峰等地的试验基地，建立了一批涵盖北方不同雨热同季地区气候条件的技术研发平台，并展开试验示范。针对该苜蓿套种青贮玉米高效生产技术的种间竞争问题，技术研发团队提出了“扩行缩株”的改进方案，通过增加玉米的种植密度和行距，提高苜蓿雨季收获的灵活性，更有利于实现精量施肥、精准灌溉、精确除杂等田间管理。这一方案将与病虫害防控、机械应用等配套研究共同在各研发平台上全面展开。

四是强化培训，建立定期观摩交流机制。苜蓿作为多年生豆科牧草，生产中涉及的技术环节多、年限长；其与青贮玉米套作后，更增加了技术的复杂程度。同时，考虑到苜蓿种植在我国还不普及，尤其是在华北等雨热同季地区，很多农户顾忌夏季雨水多、收获难的问题，不敢种苜蓿。专家组据此建立了在生产的各关键技术环节定期培训观摩的机制，并精心编制了技术手册。室内培训与生产一线观摩相结合，既促进了专家、农业技术推广人员、企业和种植户之间的交流，让大家直观地认识技术的实际应用情况，也让专家对种植户的技术需求有了更进一步的了解，有利于推广工作的开展。

五是多途径宣传推广，助力技术大范围应用。2021 年以来，团队在《农民日报》、“草牧经”微信公众号和当地线上、线下媒体等宣传并推广该技术，并制作了宣传视频以直观地展现该技术。其中，《农民日报》以“青贮玉米成为苜蓿生长好伙伴”为题开展了专题报道，详细介绍了该技术的研发过程、推广应用效益，较好地推动了技术的宣传。

床场一体化养牛技术集成示范

一、技术内容

传统规模化养牛（含奶牛、肉牛、水牛等）有栓系式、散栏式和发酵床式三种饲养模式，无论哪种饲养模式，均为牛床与运动场分离，牛床垫料消耗大并需定期更换，需要对粪污进行干湿分离和污水处理，存在水资源浪费多，清粪与粪污干湿分离成本高，粪污沉淀、发酵占地面积大，运动场粪污无法控制，牛体清洁卫生、牛的福利和牛场环境无保障等生产实际问题。针对规模化牛场存在的上述生产实际问题，本技术集成了一种适用于奶牛、肉牛和水牛的新型养殖模式，即床场一体化养牛技术，涉及牛舍建筑设计、牛粪垫料化处理及循环利用、健康养殖等方面的新技术。

（一）床场一体化牛舍设计工艺和技术参数

针对国内外最先进的发酵床养牛技术实施过程中存在的采食通道需清粪、牛场需对牛粪尿进行干湿分离、牛舍仍然存在异味等问题，通过提升挡粪墙高度、融入全混合自动给料系统、牛粪尿垫料化处理等方式，革新了分别适用于各种生理阶段奶牛、水牛和肉牛特征的牛舍设计工艺及其技术参数，创建了床场一体化养牛技术体系。

（二）牛粪垫料化处理技术

针对奶牛、水牛和肉牛所排粪尿的水分含量和有机质特征，从原位（垫床中撒发酵菌剂）、异位（牛粪无害化处理）和瘤胃（草料中添加菌剂）三方面开展了系列研究，从生物安全性（病原微生物、寄生虫等）、舒适性、异味残留、成本效益等方面进行评估，筛选最适菌剂和处理工艺，最后确定异位发酵菌种及其生产工艺。

（三）床场一体化牛舍配套设施设备

针对床场一体化养牛技术特点，为了方便现有牛舍床场一体化的改造，节省新建牛场投资成本，研发了配套的自动给水、给料系统。

二、集成示范推广情况

（一）建立示范基地

自 2021 年被列为农业农村部重大引领性技术以来，新增 3 个建成投产的床场一体化牛场，新增 2 个正在改造的床场一体化牛场，另有 2 个拟引进床场一体化养牛技术的牛场，已建成投产的牛场累计涉及奶牛和水牛 9 万头、肉牛 3.3 万头，有效解决了牛舍粪污污染问题，做到了污水零排放、牛粪资源化利用；降低牛场建筑成本 20%，每头牛运行成本平均降低 2 500 元左右；增加了奶牛和水牛产奶量，奶牛单产水平平均提高 5～7 千克，水牛单产水平提高 2～3 千克；提高了牛体表清洁度和动物福利，降低了肢蹄病、乳腺炎等发病率；提高了养牛经济效益和综合效益。

新建成的床场一体化奶牛舍 1

新建成的床场一体化奶牛舍 2

正在改造的床场一体化牛舍

（二）开展技术培训活动

2022 年 1 月，团队面向牛场技术人员开展了“床场一体化养牛技术”专题培训会，具体介绍了床场一体化养牛的重要性和必要性、床场一体化牛舍的优势和应用效果等，并现场回答了技术人员的疑难问题。此外，2022 年度累计培训技术人员共计 300 人次。

三、取得的成效和经验

（一）成果鉴定技术水平为国际领先

成果鉴定技术水平为国际领先。此外，该技术共获授权专利 5 项，申请专利 5 项（其中国际专利 1 项），发表论文 7 篇，编制技术手册 1 套，建立标准 3 项。该技术已在湖北省、云南省、内蒙古自治区等牛场进行推广应用，解决了粪污处理和环境污染问题，并提高了单产水平，降低了疾病发病率，对奶牛、肉牛和水牛养殖业的可持续发展提供了技术保障。

（二）建立床场一体化养牛技术标准

本标准规定：

（1）饲养密度。取决于垫床厚度或挡粪墙高度。垫床愈厚，密度愈高。南方地区（开放式牛舍），建议泌乳奶牛饲养密度≥20 米^2/头，哺乳肉牛/水牛饲养密度≥15 米^2/头，其他牛饲养密度≥10 米^2/头；北方地区（钟楼式封闭牛舍），建议泌乳奶牛饲养密度≥15 米^2/头，其他牛饲养密度≥10 米^2/头；该床场一体化设计能降低牛场建筑成本 20%，每头牛运行成本平均降低 2 500 元左右。

（2）饲喂通道。距地面高度与挡粪墙一致，应在 1 米及以上。饲喂通道的宽度取决于给料方式，应比饲喂车宽 1～1.5 米。用自动化给料系统时，宽度不能小于 1.5 米。鼓励使用可升降给料系统。

（3）垫料处理。所有牛粪尿经菌种发酵后中心温度必须达到 70 ℃以上并持续处理 4 小时以上。

（4）牛场垫料。发酵牛粪用作垫料，首次铺设厚度至少 60 厘米，后根据牛饲养密度及环境情况，适当添加垫料化处理的牛粪及其他干质垫料。

（5）垫床维护。牛床局部垫料水分超过 60%或出现局部硬化、高低不平时，应及时翻耙，或添加垫料化处理的牛粪及其他干质垫料。

（6）喷淋设施。在牛场边角，设置独立喷淋降温区域，以减缓夏季热应激的影响。

池塘小水体工程化循环流水养殖技术集成示范

一、技术内容

池塘小水体工程化循环流水养殖技术是一种池塘养殖新技术模式，与传统池塘养殖技术相比，在工艺理念、技术装备和养殖方式等方面都具有重大的革新。该技术适宜多品种、多规格养殖，具有均衡上市、易捕捞、降低生产成本，利于收集代谢物和残饵，保证水产品质量安全等优点。该养殖技术主要通过池塘改造，按一定比例建设“养鱼区”“养水区”“集污区”，利用推水、微孔增氧、集排污及智能化操作等现代化设备在池塘中开展工程化生态养殖，使水产品的产量、效益、品质得到根本性提高，有效收集代谢物和残饵并加以合理利用，是一种环境友好型生态养殖模式。

池塘小水体工程化循环流水养殖技术的基本原理是利用占池塘面积2%～5%的水面建设具有气提推水充气和集排污装备的系列水槽作为养殖区进行类似于“工厂化”的高密度养殖，其余95%～98%的水面进行适当改造后作为净化区对残留在池塘的养殖尾水进行生物净化处理，并可以收获一定量水产品和水生经济植物，实现养殖周期内养殖尾水的零排放或达标排放。

二、集成示范推广情况

池塘小水体工程化循环流水养殖技术作为一项现代化的水产养殖技术，具有节水节地、高产量、低渔药使用量、污物资源化利用、肉质紧实美味、养殖全程可控等优点，符合国家对绿色渔业发展的定位，成为江苏主推的绿色健康养殖技术之一，具有十分广阔的发展前景。

自2013年美国大豆出口协会将该技术进行优化后，与江苏省渔业技术推广中心合作，应用于苏州市吴江水产养殖有限公司，并且在当年开展的草鱼成鱼和鱼种的养殖获得成功。2014—2017年，江苏省在各级财政资金的支持下，原江苏省海洋与渔业局组织开展试验性推广，各试验点基本获得成功，并在技术推广中不断完善和丰富了水槽建造、设备配套和养殖技术规范等。至2021年底，池塘小水体工程化循环流水养殖技术模式得到较大规模发展，江苏省累计建设各类水槽面积超30.7万米^2，水槽2 500条，涉及池塘面积5.6万亩，水槽结构也从最初的砖混水泥发展到框架拼装式、玻璃钢式、不锈钢式等多种形式；建设地点也从传统的养鱼池塘扩展到河蟹养殖塘、水稻田等，形成了“池塘＋流水槽”“稻田＋流水槽”“蟹池＋流水槽”“藕田＋流水槽”等养殖新模式；养殖品种从草鱼、鲫鱼等扩展到鲈鱼、青鱼、乌鳢、梭鱼、团头鲂、黄颡鱼、大鳞鲃、翘嘴红鲌、斑点叉尾鮰等10多个；每个养殖单位的建设水槽也从几个到十几个、几十个；各种装备的智能化操作和管理也逐步发展和完善，池塘小水体工程化循环流水养殖技术模式已经从试点发展成为多样化、规模化、集约化、标准化、智能化、品牌化模式。

三、取得的成效和经验

自2014年以来，在原江苏省海洋与渔业局领导下，江苏省渔业技术推广中心多次组织召开了全省池塘工程化生态养殖系统建设推进工作会及现场观摩会，走技术创新和示范推广并举之路，省市县（区）合力、产学研融合，有效推进了池塘小水体工程化生态养殖系统建设。并在养殖品种的生产性能、净化区种养殖配置和废弃物收集、智能化生态养殖网络平台建设等方面进行了科技创新，极大地提升全省池塘小水体工程化生态养殖智能化水平，降低劳动力成本，改善养殖环境，提高盈利能力。

以项目为载体，江苏各地形成了基地、科研推广部门合作模式，通过集成池塘小水体工程化生态养殖系统的运行参数优化、水体生态环境评价、水体净化及草鱼、鲫鱼、加州鲈、斑点叉尾鮰、黄颡鱼、罗非鱼、团头鲂等鱼类高密度下生长、应激、品质调控和病害防控技术，进行传统内陆池塘、沿海滩涂及沿江较大面积水体的池塘工程化生态养殖系统关键技术研究与示范，建立起池塘生态养殖新技术和新模式，形成了系列的池塘工程化生态养殖技术标准，为绿色设施渔业的生态补偿决策提供技术支撑，最终实现水产养殖业的可持续发展。在推广示范试验中以实力雄厚、养殖基础较好的新型经营主体作为示范基地，打造成了对外宣传和展示的窗口，培育了一批具有自主创新能力的新型水产经营实体，带动了水产苗种、设备、饲料、水产品加工、储存、运输与销售产业链的延长，实现了养殖系统大宗鱼类产量超过100千克/米^2、名优特色鱼类产量超过50千克/米^2，实施区折算亩效益5 000元以上，养殖尾水零排放及渔药使用量减少90%以上，产生了良好的经济效益、社会效益和生态效益；近年来，得到了农业农村部和江苏省领导的高度重视，各级领导多次现场调研，据不完全统计，全省示范基地每年接待部省级、市县级领导及省内外参观人员1.5万人次；池塘小水体工程化循环流水养殖技术的宣传推广示范对于减量增效、渔业转型升级、乡村振兴和渔民富裕等具有重要的意义。

秸秆炭化还田固碳减排技术集成示范

一、技术内容

秸秆炭化还田固碳减排技术，是以生物炭为核心的绿色农业技术。其中，生物炭是指来源于秸秆等植物源农林废弃生物质，在缺氧或有限氧气供应的相对较低温度（<700 ℃）下热解得到的，以返还农田提升耕地质量、实现碳封存为主要应用方向的富碳固体产物。生物炭含碳量高、疏松多孔、比表面积大、吸附能力强，施入农田可改善土壤理化性质，提高土壤肥力、钝化污染物，被誉为应对全球性粮食、环境、能源危机的“黑色黄金”。

该技术的原理体现在三个方面：一是生物炭碳元素含量高、理化性质稳定，生物炭还田本身就是碳封存的过程；二是生物炭还田后对土壤理化性质有多方面影响，有助于减少水稻甲烷排放和旱田氧化亚氮排放；三是生物质炭化过程中产出的混合可燃气更可用作清洁能源，实现化石能源替代减排。有研究表明，秸秆炭化还田暨生物炭施用的整体固碳减排效率高于生物质能源化利用10%以上。

2005 年以来，沈阳农业大学陈温福院士提出了以生物炭为核心，以炭化技术为基础，以生物炭基肥料和土壤改良剂为主要发展方向，同时实现秸秆综合利用、耕地质量提升、农田固碳减排等多重目标的技术路线。技术团队建立了以生物炭基肥料为终端产品的技术体系，并成功实现了技术集成与产业化应用，为大规模农田土壤碳封存提供了技术支撑。

该技术的实施要点包括三个方面：**一是在制备端，**集成适用于不同生产规模的炭化多联产技术装备，通过亚高温热解炭化工艺，将秸秆等植物源生物质转化为富含稳定性有机碳的生物炭，同时联产混合可燃气，不仅可用于炭化设备的辅助自加热，还可用于供热供暖或并网发电，实现化石能源替代减排；**二是在产品端，**开发了生物炭基肥料等农业投入品，在不改变施肥习惯、不增加农资投入的情况下，减少化学肥料投入 10%以上，减肥增效，为生物炭返还农田提供了切实可行的市场化途径；**三是在还田端，**针对秸秆炭化还田作业流程，参照 IPCC 官方模型，开发了生物炭暨秸秆炭化还田固碳减排计量系统，为核算减排量和碳汇能力提供了软件计算工具，为未来对接碳交易市场做好了准备。

二、集成示范推广情况

该技术具备良好的集成示范推广基础。通过研制秸秆炭化的多联产技术装备，开发了一系列的秸秆炭基农业投入品，广泛应用于玉米、花生、马铃薯等大田作物生产，在水果、蔬菜和烟草等经济作物中也有应用。2012 年，该技术前期成果经辽宁省科技厅组织鉴定，整体上达到了国内外同类研究的领先水平；2014 年，该技术有关成果入选了《辽宁省重点节能减排技术目录》；

有关成果于 2017 年、2019 年两度获得辽宁省科技进步奖一等奖；2020 年，生物炭暨秸秆炭化还田技术体系构建，通过了中国农学会组织的成果评价，整体上达到国际领先水平；2021 年，技术成果获 2020—2021 年度神农中华农业科技奖科学研究类成果一等奖。

截至目前，秸秆炭化还田固碳减排技术累计示范推广和辐射带动面积超 1 000 万亩。其中，2021 年，该技术以系列农业投入品为主要载体，主要在辽宁省、河南省、云南省和贵州省等地进行集成示范，示范作物包括玉米、花生和马铃薯等粮食作物，以及蔬菜、水果和烟草等经济作物，集成示范总面积共计 30 万亩。同时，在产业运行良好的项目区尝试进行固碳减排计量核算。

三、取得的成效和经验

技术标准化程度得到提升，集成配套可操作性进一步提高。在技术标准化方面，建立了覆盖生物炭生产、深加工、应用等不同环节的标准体系框架，如：NY/T 3041—2016《生物炭基肥料》，NY/T 3618—2020《生物炭基有机肥料》，DB21/T 2951—2018《秸秆热解制备生物炭技术规程》，DB21/T 3320—2020《生物炭标识规范》，DB21/T 3321—2020《生物炭分级与检测技术规范》，DB21/T 3314—2020《生物炭直接还田技术规程》等。在此基础上，继续推动秸秆生物质炭化及应用的技术规范和标准化工作，2021 年度由技术集成单位起草的《生物炭基肥田间试验技术规范》《生物质热裂解炭化工艺技术规程》《生物炭》3 项农业行业标准送审稿均通过了专家审定，并提交了标准报批稿，待批准发布实施，为技术集成可操作性提供了新的保障。

技术先进性与应用潜力得到进一步明确。与国内外同类研究成果相比，秸秆炭化还田固碳减排技术具有明显的先进性。首先，与国际上普遍使用木质生物炭的做法不同，该技术取之于农、用之于农，立足于秸秆等农林废弃生物质的综合利用，不与粮争地，而是在改良土壤、保证粮食安全的同时实现农田固碳减排。其次，该技术以面向大农业的生物炭基农业投入品为技术载体，与常规农资对标，契合国情，打通了生物炭规模化农业应用的“最后一公里”。最后，与秸秆直接还田体现的碳平衡相比，炭化还田通过提高碳元素的稳定性、减少土壤温室气体排放、能源替代减排等多条途径，带来了更显著的固碳减排效果，符合国家碳中和总体要求。

秸秆炭化还田固碳减排技术的集成示范，在秸秆综合利用、耕地质量提升、农田固碳减排方面发挥重要作用，切合国家高质量发展要求。如果能把每年尚未利用的秸秆转化为生物炭后返还农田，将可直接实现每年碳封存约 1 亿吨二氧化碳当量，对实现碳达峰、碳中和具重要的现实意义。

陆基高位圆池循环水养殖技术集成示范

一、技术内容

陆基高位圆池循环水养殖技术是一种新型的水产生态健康养殖技术，由高位圆池主体、进排水系统、配套增氧设备、智能化水质监测及控制系统、尾水处理系统等组成，巧妙利用“茶杯效应”高效集污，养殖尾水经多级处理后循环利用，达到零排放目标，实现了经济效益和生态效益双赢。该技术践行绿色发展理念，具有占地面积小、不受地形及地势影响、不破坏土地性质、集约化智能化程度高、养殖系统自净能力强等优点，在突破目前渔业发展瓶颈，推动渔业绿色高质量发展，为广大人民群众提供高品质水产品方面具有诸多优势和巨大的发展潜力。

陆基高位圆池循环水养殖技术的基本原理是将圆形养殖池底部设计为漏斗型，利用圆形养殖池注水和增氧充气过程产生“旋涡”，增强中间和池底集污能力，实现固体排泄物和饵料残渣70%高效收集率；中上层排水管和底层排污管将池水中悬移颗粒物、池底沉积物分类排放和分类资源化处理利用，提高处理效率，降低处理系统面积和成本；高清远程监控、断电报警、水质在线监测、增氧机自动启动等智能化监控和预警系统实时监测养殖水质状况，并根据需要自动调控增氧等设备，提升信息化智能化水平。

二、集成示范推广情况

（一）加大项目资金支持

广西壮族自治区水产技术推广站向自治区科技厅申报“陆基圆池智能化养殖技术集成创新与示范推广”项目，并获得广西重点研发计划项目立项，共投入技术研发经费300多万元。同时，积极引导养殖企业争取农业发展资金用于支持陆基高位圆池循环水养殖项目建设。通过政策及资金支持，引导撬动社会资金2亿多元投入陆基高位圆池循环水养殖，有效快速地拉动产业的发展。

（二）成立技术创新团队

广西壮族自治区水产技术推广站联合广西大学、广西壮族自治区水产科学研究院、全自治区各市县级水产推广站和20多个重点养殖企业成立陆基高位圆池循环水养殖技术创新团队，推进政府、企业、高校、科研院所及不同区域之间的协同创新，以政、企、产、学、研、用多方的全面合作，使人力资本、知识技术、资金设备、市场客户等各类科技资源快速高效结合，极大地提高研发效率。

（三）加强核心技术研发

陆基高位圆池循环水养殖技术创新团队依托核心示范基地，通过试验研究目前已完成《陆基圆池养殖技术规范Ⅰ陆基圆池养殖建场基本要求》《陆基圆池养殖技术规范Ⅴ陆基圆池养殖尾水处理技术规程》等5个广西团体标准征求意见稿和1个广西地方标准征求意见稿，编写陆基圆池2项发明专利和2项实用新型专利。目前已经初步研发出适合不同水源的陆基高位圆池循环水养殖技术模式、不同养殖尾水处理模式。

（四）着力打造示范基地

选择多个养殖企业进行养殖技术模式研究与示范，如广西打造了广西港河生态农业有限公司、广西利渔种苗有限公司、来宾市兴宾区鑫兴专业水产养殖合作社、广西盛博渔业有限公司等20个规模化（50个圆池以上）养殖示范基地开展不同品种养殖。这些企业各具特色，陆基高位圆池循环水养殖示范基地均运营良好，不但取得了良好的经济效益，也充分带动周边的养殖企业转型升级，拉动了设施渔业的快速发展。

（五）加大技术应用宣传

积极组织各县市级水产技术推广站的技术骨干开展陆基高位圆池循环水养殖技术培训，培训采用课堂授课和实地现场观摩等方式。陆基高位圆池循环水养殖技术创新团队成员也积极组织形式多样的培训。通过培训，有关地区基层水产专业技术人员均能较好地掌握和推广陆基高位圆池循环水养殖技术；养殖企业（养殖户、专业合作社）在场址选择、养殖设施设备布局和生产技术管理等方面更加得心应手。

三、取得成效和经验

陆基高位圆池循环水养殖占地少，集约化养殖程度高，技术先进、实用，溶氧、光照、水流和病害防控的可控性比较强，水资源利用率高，养殖规模可塑性强，单位水体产量高（每平方米水体产鱼30～60千克），养殖的鱼类无泥腥味，味道鲜美，售价更高，消费者乐于接受，符合水产业绿色、高质量发展的理念。该模式适合在山区、平原的广大农村推广，是实现乡村振兴的新亮点，发展潜力巨大。

通过陆基高位圆池循环水养殖技术攻关，开发了砖砌体（砖混结构）、混凝土砌体、PVC板等多种材质陆基高位圆池；构建了陆基圆池内循环和外循环养殖模式，开发出陆基圆池＋四池三坝模式、陆基圆池＋经济作物模式、陆基圆池内循环模式等养殖尾水处理模式，陆基圆池内循环系统通过固液分离分类处理、生化处理等实现养殖用水循环使用。根据养殖水源不同，研发出水库水源型、河流水源型、地下水水源型和山泉水源型等4种陆基圆池循环水养殖模式。针对不同水源水质溶解氧、理化因子、微生物等差异，通过改造进水设施，增设蓄水设备、增氧设备等，确保养殖用水达到养殖物种最适宜的水质条件。养殖品种从罗非鱼、乌鳢发展到对虾、黄颡鱼、叉尾鮰、胡子鲇和罗非鱼等10多个品种。经测产评估，主要示范点单产达到30～50千克/米^3，是池塘养殖的10倍，药物用量减少50%以上，养殖周期缩短20%以上，养殖成活率提高15%

以上。

2017—2021 年，陆基高位圆池循环水养殖技术模式得到较大规模发展，已在广西、湖北、贵州、四川、安徽、山东、云南、福建、江苏、宁夏等 10 个省（自治区）得到应用推广。截至 2021 年底，全国已建立陆基圆池循环水养殖示范基地 25 个，推广陆基圆池设施养殖桶 16 138 个，养殖容量达 172.6 万米^3，配套池塘面积为 2.8 万亩，水产品年总产量达 6.9 万吨，养殖年总收入达 17.27 亿元。

第五篇

农技推广服务典型案例

全国水产行业：依托技能竞赛练精兵助力渔业人才大振兴

一、基本情况

农业农村部高度重视渔业人才队伍建设工作，以全国水产技术推广职业技能竞赛为抓手，全面推动提升基层推广人员素质及服务渔农民的水平，为乡村振兴、渔业发展提供人才保障。自2015年以来，坚持每两年举办一次全国水产技术推广职业技能竞赛，2019年该竞赛更是升格为国家级一类大赛，先后产生“全国五一劳动奖章”获得者3名、“全国技术能手”获得者8名、“全国农业技术能手”15名、省级“五一劳动奖章”50余名、省级“技术能手”100余名及市级“五一劳动奖章”和“技术能手”若干。一批劳模和技术能手的涌现，极大地调动了广大水产技术推广人员钻研业务苦练技能的主动性、积极性，形成了优秀人才脱颖而出的有效途径，实现了“以赛促学、提升技能、服务渔业、履行职能”的目标，取得了良好效果。

二、主要做法

（一）顺应需求，解决“三强三弱”矛盾

在实施乡村振兴战略的新时代要求下，水产技术推广体系面对的**“农民技术需求强，服务产业能力弱”“绿色发展需求强，技术创新实践弱”“人才成长需求强，上升条件支持弱”**矛盾日益凸显。通过举办职业技能竞赛，首先能够有效推动全体系开展技术大练兵，从基层掀起推广人员主动更新知识、提升技能、服务产业的热情，有效解决知识更新难与服务能力弱问题；其次，通过邀请专家参与竞赛技术指导，打通了水产技术推广机构尤其是基层机构与水产大专院校、科研院所的交流渠道，发挥好科研与基层的桥梁作用，及时吸纳科研上游成果，让基层水产技术推广人员在科研力量的带动下积极参与创新实践和科研成果的推广，破解推广人员技术创新难问题；按照工会、人社部门相关政策，在各级职业技能竞赛中获得名次的选手均能享受到各级“五一劳动奖章”“技术能手”荣誉称号获得者相应的待遇，很多也能在当地破格完成职称晋升，大赛为解决基层水产技术推广人员个人成长需求开辟出一条便捷通道。

（二）精心策划，各项措施保障有力

一是分工明确，组织严密。领导高度重视，在人事司、人力资源开发中心的正确领导和积极帮助下，设置纪检监督组、裁判组、专家组、试题组、器械保障组、现场协调组等具体机构，各机构均有专人负责，做到职责明确、落实到人。**二是精心筹划，保障周密。**每届竞赛都提前编写培训教材，专门组织专家召开题库审订会议，对原有国家题库进行多轮修订和补充，并举办裁判

员培训班、领队赛前会等业务培训，为竞赛顺利实施奠定了基础。竞赛前组织全流程、全要素演练，确保了竞赛顺利举办。**三是确保“三公”，措施缜密。**竞赛筹备期间及组织实施过程中严格执行“公平、公正、公开”的“三公”原则，组委会与每位专家、裁判员均签订了保密承诺书，选手操作及裁判执裁过程全程录像监控无死角，确保无任何违纪违规现象。

（三）凝聚合力，促进行业融合发展

一是展现了体系实力。全国水产技术推广体系近3万人的队伍，服务了全国56%的养殖面积，在推进乡村振兴中是渔业提质增效技术服务的主力军、渔民增收致富的好帮手。参加全国决赛的选手经过层层选拔，代表了体系的技术水平，通过竞赛充分展示了体系的技术实力。**二是拓展了人才领域。**指导各地积极与工会和人社部门沟通并寻求支持，竞赛优秀选手通过申办“劳模创新工作室”和“技能大师工作室”引领创新发展，目前已创建劳模创新工作室6个，另有10多个正在申办中，其中“吴敏劳模创新工作室”已被命名为“全国农林水利气象系统示范性劳模和工匠人才创新工作室”，成为全国水产技术推广体系“独一份”，形成了优秀人才不断成长的“晕轮效应”。**三是发挥了各方能力。**在竞赛的组织实施过程中，各地渔业行政主管部门高度重视，积极响应，推广部门全力筹备，先后有20多个科研院校的百余名专家老师在教材编写、试题库修订、裁判选拔等工作中提供了无私的帮助，10多个企业为竞赛提供了支持，形成了“政、产、学、研、推、企”合力办好竞赛的局面，极大地推动了渔业行业融合发展。

三、取得成效

通过这几届竞赛的举办，我们逐步探索出以技能竞赛为抓手、培养及选拔高技能人才的机制，在全国水产技术推广体系内营造出打破身份藩篱、崇技尚能的良好环境，具有较强的示范效应与推广价值。**一是“以赛建机制”，**通过竞赛的举办，基本上形成了从市到省到全国两年一届的竞赛长效机制。**二是“以赛亮能人”，**推出了一批劳模和技术能手，形成了优秀人才脱颖而出的有效途径。**三是“以赛促服务”，**竞赛激励了广大水产技术推广职工立足岗位成长、努力学习技能、更好地履行水产技术推广国家队公益性职能的主动性和积极性，形成了提升服务渔业、服务渔民能力的良好局面。**四是“以赛扩影响”，**本次竞赛得到新华社、中央电视台新闻频道和农业农村频道、《光明日报》《经济日报》《农民日报》等多个主流媒体的报道，宣传了渔业，宣传了水产技术推广队伍。**五是“以赛展合力”，**全国渔业行政主管部门、全国水产技术推广体系、科研院校、专家学者及涉渔企业均为竞赛提供了支持，体现了渔业系统的凝聚力，也获得了社会的广泛关注和认可，对内提升了渔业科技服务的供给能力和效率，对外树立了推广队伍形象。

加强农业科技社会化服务建设 助推农业特色产业高质量发展

——宁夏加快构建农业科技社会化服务体系

2021 年，宁夏以提高农业科技服务效能为目标，以增加农业科技服务有效供给、加强供需对接能力为着力点，坚持“厘清职能、激发活力、开放协同、注重实效”的原则，进一步加强全自治区农业科技社会化服务体系建设，助推农业特色产业高质量发展。

一、基本情况

按照“明确定位、改革创新、培育主体、服务基层”原则，加快构建以农技推广机构、高等学校、科研院所和企业等市场化社会化科技服务力量为依托，政府引导和市场运作相结合、公益性与经营性相协调、专项服务与综合服务相统筹的农业科技社会化服务体系，促进“产学研用服”深度融合。2021 年，宁夏回族自治区各类农业社会化服务组织累计达 1 382 个，农业社会化服务从业人员过万人，服务小农户超过 55 万户，农业生产托管服务面积达 1 414.4 万亩次，有效推动了全自治区农业特色产业的高质量发展。灵武市鑫旺农业社会化综合服务站、平罗盈丰植保专业合作社、西吉春发农业综合服务站等 3 个组织入选全国星级农业科技社会化服务组织。

二、主要做法

（一）推进农技推广机构服务创新

聚焦公益性服务主责定位，建立自治区、市、县、乡（镇）四级公益性农技推广体系，形成以国家农业技术推广机构为主体，农业科研院所、社会化服务组织、特聘农技人员为补充的“一主多元”推广体系。全面实施“三百三千”农业科技推广行动，围绕自治区“六特”产业，落实技术服务组 525 个，农技人员 1 897 人，服务主体 1 112 个，科技示范基地 1 122 个。全自治区由上而下构建“农业专家服务团队＋基层农技推广体系＋新型经营主体”新模式，通过驻点技术指导、包片巡回服务等方式，开展技术推广、技术咨询、人才培养和科技攻关，推动农业新品种、新技术、新模式、新机具到田入户。

（二）强化高校科研院所服务功能

完善高校和科研院所农业科技服务考核机制，破除“唯论文、唯职称、唯学历、唯奖项”的评价标准，将服务三农和科技成果转移转化的成效作为评估考核和项目资助重要依据。建立健全高校和科研院所农科成果转移转化机制，鼓励采取对外转让、许可使用、作价投资等方式，促进科技成果转移转化和产业化。竞聘确定25名现代农业产业技术体系岗位首席专家，壮大专家团队，从顶层设计、政策扶持、品牌创建等方面协同推进产业发展。

（三）壮大社会化科技服务力量

支持农业高新技术企业、科技型中小企业等开展技术创新研究，搭建科技服务平台，创新“产学研用服”利益联结机制。鼓励牵头组建各类产学研联合体，引导企业与农户建立利益联结机制，探索推广“技物结合”“技术托管”等创新服务模式。加大科技服务企业培育力度，支持农技人员、大学生村官、返乡农民工、种养大户等领办创办农业科技服务企业。加强新型经营主体从业人员技能培训，引导支持经营主体通过建立示范基地、“田间学校”等方式开展科技示范，提升服务能力。

（四）提升农技服务综合集成能力

引导科技、人才、信息、资金、管理等创新要素在县域集散。结合“一县一业”及当地特色优势产业发展需求，搭建科技服务综合平台，提供全产业链科技服务。建立宁夏农业技术推广信息化云平台和“宁农宝”手机App，向农业生产经营主体提供墒情信息、耕地信息、病虫害预警防治信息等服务。通过宁夏科技管理信息系统，审核科技报告、成果登记等；引导农技人员使用中国农技推广App，推进线上线下培训融合发展。

（五）加强农技服务政策组织保障

加强在政策制定、工作部署、资金投入等方面的支持力度，发挥财政资金的引导作用，将存量和新增资金向引领现代农业的科技服务领域倾斜，鼓励引导社会资本支持农业科技社会化服务。加强对农业基础研究、应用基础研究、技术创新的顶层设计，加速成果转化。有效整合科技资源，加强产学研紧密结合，支持各级各类科技服务主体开展农业重大技术集成熟化和示范推广。

三、取得成效

（一）社会化科技服务规模进一步扩大

小科技服务覆盖面不断增加，农户接受农业科技服务意愿进一步提高。科技服务由产中环节向产前、产后等环节继续延伸，菜单式、订单式、保姆式的农业生产托管服务规模继续扩大，以农机为载体的农业生产托管服务已发展为目前最有效率的社会化服务形式，成为小农户进入现代农业发展轨道的“加速器”。2021年，全自治区农业生产托管服务面积突破1 400万亩次，服务小农户超过55万户次。

（二）社会化科技服务领域进一步拓展

服务主体积极开辟新的社会化服务领域，服务领域得到进一步拓展，从大宗粮食作物向经济作物延伸，从种植业向畜牧养殖业延伸，从小农户向家庭农场、合作社延伸。特别是针对自治区倒春寒连年发生的实际，创造性地开展了葡萄、苹果和蔬菜防冻农业社会化服务试点，在 3 个县（区）完成特色作物防冻科技服务 6.6 万亩次，探索出了预防特色作物冻害的新途径。

（三）农业产业发展活力进一步提升

通过开展生产托管、病虫害防控、电商等服务，建立健全了与小农户的利益联结机制，培育壮大了一批具备发展创新和带动作用的农业社会化服务组织。2021 年，全自治区农业社会化服务组织达到 1 382 个，实现所有县（区）全覆盖，农业社会化服务组织已逐渐成为解决农村地区“谁来种地、怎么种地”问题的主力军，推动了宁夏农业产业发展活力进一步提升。

（四）农业绿色发展水平进一步提高

有力促进绿色优质新品种、先进实用技术和现代物质装备的集成推广应用，减少了农药化肥使用量，良性调整土壤结构，对宁夏建设黄河流域生态保护和高质量发展先行区发挥了积极作用。在彭阳县小杂粮全程托管服务中，采用渗水地膜覆盖穴播机械化生产技术，实现亩均增产 5%～10%、投入减少 8%～10%。在青铜峡市、盐池县等地，通过科学防治、精准施药，实现农药使用量降低 8%～26%，化肥使用量降低 7%～10%。

守正创新　下沉一线

——广东农技服务“轻骑兵”乡村行

近年来，广东省以各地产业发展和技术需求为导向，聚焦打通基层农技推广“最后一公里”和农产品上行“最先一公里”关键环节，组建“科研专家＋推广系统＋乡土专家＋大学生”的“轻骑兵”队伍，强化数字管理，精准服务施策，以“轻骑兵”乡村行激发农技推广系统活力，以特色队伍服务带动省域农业高质量发展。

一、基本情况

2021年，深化改革整合后的广东省农业技术推广中心，在省委、省政府部署和省农业农村厅指导下，创新服务方式，积极发挥农技推广系统“主力军”作用，统筹全省院校专家服务、农技公共服务和社会化服务3支队伍，吸纳在校大学生参与，开展“轻骑兵”乡村行行动，率先组建水稻、荔枝、柑橘、蔬菜、南药、甘薯、畜牧、渔业及农机作业等24个产业技术服务“轻骑兵”，有效解决基层农技推广“最后一公里”和农产品上行“最先一公里”问题，服务乡村产业发展。

二、主要做法

（一）加强顶层设计，全省一盘棋

一是制定总体工作方案，明确广东农技轻骑兵乡村行的思路目标、运营机制和工作任务。**二是**成立领导小组，由厅长任组长，分管副厅长和省农业技术推广中心主任任副组长，厅有关处室

原省委常委叶贞琴在闹春耕现场为中心授轻骑兵旗帜，林绿主任接旗

主要领导任小组成员。**三是**建立“轻骑兵”联席会议制度，由省农业技术推广中心牵头，联合华南农业大学、广东省农业科学院等组成广东省“轻骑兵”联席会议委员会，对“轻骑兵”乡村行重大事项负责。

（二）统筹力量，建设轻骑兵队伍

一是组建轻骑兵人才梯队。围绕“科研专家＋推广系统＋乡土专家（社会力量）＋大学生”，依托“传帮带”，联合高校科研院所专家构建轻骑兵“智库”，强化全省农技系统 13 000 余名农技推广人员“主力军”作用，调动 6 879 名乡土专家作为社会化农技服务代表，鼓励在校大学生参与实践学习。**二是**加强轻骑兵队伍能力建设。建立“师傅带徒弟”学习机制，组织“轻骑兵”培训，加强对镇村本土人才的培养。**三是**夯实轻骑兵条件建设。建设“农技推广机构＋服务驿站”公益性双驱体系，共建镇级技术示范基地，打造“农技服务超市”。**四是**实行多方位数字化管理。依托平台实现人才队伍、基地建设、农技服务等量化管理。

（三）强化财政投入，设立专项资金

投入省级财政资金 3 000 万元开展“一十百千万”专项行动。**“一”：**升级建设 1 个省级农业技术集成展示推广平台；**“十”：**遴选 10 个农业重点领域的主导品种和主推技术；**“百”：**联系 100 支驻镇帮镇工作队，建设 100 个农技服务超市和 100 个“轻骑兵”技术示范基地；**“千”：**组织并培训 1 000 名大学生参加“轻骑兵”乡村行；**“万”：**构建省、市、县、镇四级农技服务梯队，形成 10 000 名农技“轻骑兵”服务南粤大地。

轻骑兵应邀解决信宜三华李“针蜂病”和下山运输难题

（四）坚持需求导向，及时精准施策

一是发挥“互联网＋”精准对接优势。利用平台登记、网络征集等多途径，逐条收核农户需求，精准对接轻骑兵，第一时间提供服务。通过大数据平台，及时发布科技成果及市场信息，提供“菜单式”服务，增强供给有效性和精准度。**二是**就近服务，及时解决。根据农民群众反映强烈的突出问题和技术需求，集中力量破解“痛点”“堵点”“难点”，细化常态化服务、应急性服务、技术攻关性服务，实现关键时节及时下乡、抗灾减灾随时下乡、咨询服务主动下乡、联合攻关集体下乡。

（五）坚持线上线下，提升服务效能

一是打造数字化平台。建设“粤农技”“田头智慧小站”“农技推广服务驿站”等重要载体，结合网络培训，以小屏幕带动大农业。**二是**开展数字化技术推广。拍摄一批农技短视频线上精品课程，提升服务质量、范围和效率。**三是**开展农技乡村行系列活动。结合重点季节、重点环节、重点品种、重点区域，以绿色增产、节本降耗、提质增效、生态环保和质量安全为导向，开展系列示范推广和宣传培训活动。

农技“轻骑兵”专家团队田头课

三、取得成效

（一）激发了农技推广系统新活力

通过“政府引导、市场驱动”措施，构建农技服务“轻骑兵”全产业链服务格局，积极盘活了农技公共服务资源，充分调动公共服务积极性，推动产业要素有效嫁接、共生融合，促进技术服务向研发生产、加工、检测、流通、销售等全产业链条延伸覆盖。

（二）加强了人才队伍能力建设

全省各地级市农技部门牵头组建 21 支农技服务支队，累计开展技术指导培训等下基层活动 1 000 余次，培训人数（含线上培训）20 万人次，有效强化了全省农技人才队伍建设。

农技“轻骑兵”专家团队深入粤西田间地头开展农技服务

（三）满足了不同生产主体需求

通过技术服务，实现了寒冻、雨水灾害防灾减损指导，解决了牛蛙养殖污染和兽药残留超标等典型产业问题，集成推广了一批主导品种和主推技术，助推了当地畜禽种质资源挖掘整理和保护利用。

蜜蜂产业轻骑兵一线服务蜂农

（四）形成了助力农业高质量发展合力

通过联合各方力量，促进农技服务延伸至产前、产中、产后各环节，在全省打造了 15 个“水稻机械化种植示范点”，组织创建了 8 个国家级畜禽养殖标准化示范场、15 个省级现代化美丽牧场和 312 个省级畜禽养殖标准化示范场。轻骑兵乡村行作为农技推广模式的重要变革，改变了过去大培训、大宣传、不精准的做法，精准施策、快速服务，构筑起打通为农技推广服务“最后一公里”的长效机制，取得可供推广复制的宝贵经验，有效促进农业高质量发展。

2021 年机收减损技能大比武广州赛区 90 后选手比赛现场

山西省：立足“三度” 紧盯“三效”
专家团队包联服务利民惠企强引领

为加快农业先进适用技术推广应用，提升农业科技对产业高质量发展的支撑引领作用，山西省以加快农业主推技术、主推品种、重点推广标准应用落地为首要任务，立足包联匹配度、服务精准度、群众满意度，着力在队伍高效、机制长效、考核实效上下功夫，通过省市县三级联动、农科教协同发力，深入开展专家团队包联服务，为全省农业稳产增产、农民稳步增收提供了强有力的科技支撑。

一、基本情况

山西省专家团队统筹疫情防控和包联工作，围绕农时农事，线下线上协同，因地制宜开展春耕备耕、防灾减灾、稳产保供、农民培训、解决难题等技术服务。技术服务覆盖 684 个乡镇、3 671 个行政村、2 679 个新型经营主体、47 226 户农户。建立问题清单 617 个，解决技术难题 483 个；发布工作日志 4.3 万篇（条），回答服务主体问题 13.4 万条；报送服务简报 317 期，培训农民 8 万人次。专家团队投身减灾减损、抢收抢种“双减双抢”会战，制定减灾减损技术方案，深入灾区精准指导，为抗灾减灾提供了有力科技支撑。加强冬小麦田间管理、科技培训和技术指导，推动晚播麦“促弱转壮、早发稳长”，为夏粮丰收提供了强大智力支持。《人民日报》《农民日报》、学习强国、今日头条等媒体多次报道该省专家下沉一线、服务三农典型事例。

二、主要做法

（一）组建工作专队，提升包联匹配度

制定 2022 年专家团队包联服务工作方案聚焦科技壮苗、大豆玉米带状复合种植、“土豆革命”和“机、田、证”等重点工作组建 16 支专队，包联产业重点县，做到专队逐一匹配技术服务。

（二）制定任务清单，提升服务精准度

组织制定“一计划两清单”，按照月月有任务、季季有重点的要求，针对包联县技术需求制定问题服务清单，重点落实小麦春季田间管理、春播大豆玉米、重大动物疫病防控、畜禽饲养管理等关键技术措施，实现服务精准对接问题需求。

（三）坚持深入一线，提升群众满意度

结合重要农时节点，组织专家团队深入基层一线，包县包村包主体，到村到户到田头，落实

强农惠农政策，推广先进适用技术，解决产业难题，促进农民增收。各队专家每季度包联服务不少于10天，确保群众真心满意包联成效。

（四）统筹各方力量，提升作战协同度

壮大专家团队，组建省、市、县三级专家团队1 703人。将249名产业技术体系专家、310名乡土专家和特聘农技员编组入队，凝聚服务合力。加强组织领导，厅长亲自挂帅任“三队”总队长，分管厅领导任专家团队队长，各市县成立农业农村局局长任分总队长、分管局长任分队长的组织体系，实现高效组团、协同作战。

（五）压实工作职责，构建长效机制

组织专家报专长、市县报需求、处室提计划，实现重点工作、重大部署、重要工程、重点区域专家团队包联服务全覆盖。建立“队长负责、市级统筹、服务清单、信息管理”等工作制度，按月调度服务情况，进一步完善“联”的机制，强化“包”的责任，形成“干”的合力。

（六）运用信息手段，强化实效考核

依托“中国农技推广”手机App，实行“三队”包联服务实名打卡信息化管理。申请中国农技推广信息服务平台，开通山西省三队包联专属账号，为3 586名“三队”人员实现账号应录尽录。通过“三农大讲堂”“政策在线”专题培训，在“山西农业12316”信息服务平台发布操作课件并转发各队，实现服务有轨迹、包联有痕迹、考核有依据。

三、主要成效

（一）聚焦政策落地，开展宣讲宣传

重点围绕省委农村工作会议暨全省种业振兴大会“十稳十提”部署要求，解读与农民直接相关的大豆玉米种植补助、农业生产托管等粮食生产支持政策，解读乡村产业发展、农村改革等强农惠农政策，累计组织政策宣讲活动666场，受众人数2.4万人，推动政策效应充分释放，凝聚广大农民投身农业生产、乡村振兴的热情。

（二）聚焦农时农事，推广良种良法

扎实抓好春季农业生产，加快年度主推技术、主推品种、重点标准应用落地。组织技术集成和示范展示，累计主推技术、主推品种推广面积864万亩，覆盖畜禽4 041万只（头）。**猪产业专队**在泽州县小庙岭种猪场开展晋汾白猪示范推广，在高平市山西凯永养殖有限公司开展核心群选育技术服务，解决晋汾白猪品种应用推广中的技术问题。**谷子专队**在武乡建立150亩试验示范基地，组织品种筛选试验，帮助遴选适宜品种。**杂粮产业专队**在吕梁临黄地区大力推广优质酿酒高粱品种和旱作高效栽培技术，着力打造吕梁山南方名酒专用基地，带动脱贫人口增收。**食用菌专队**推介北方设施羊肚菌栽培、香菇高效立体栽培2项关键技术，解决“四不当”（品种选择、湿度调控、棚温管控、管理不当）造成的关键技术难题。**马铃薯专队**重点推广旱地机械化垄作高效栽培技术和加工专用型马铃薯生产全程机械化技术，10万亩加工型马铃薯种植基地技术推广

全部落实。

（三）聚焦发展瓶颈，纾困惠企解难

结合全省入企进村服务，厅领导带领各队了解基层诉求，协调研究解决办法。大豆玉米队积极联系大豆种子生产企业，帮助孝义市农机合作社订购大豆种子 2 万斤，解决农资紧缺问题；帮助壶关晋庄镇制定大豆玉米带状复合种植方案，进行播前技术指导，提振种植户信心和积极性。猪产业专队通过研判监测数据、分析生猪生产形势，提出五项举措提升管理效率、降低生产成本。蔬菜专队为太谷全国农业科技现代化先行县建设提供技术支撑，开展蔬菜轻简化栽培技术示范，指导农业园区温室后墙改造，解决企业冬季不能生产的问题。渔产业专队协助开展池塘选址、指导全产业链开发，指导晋源区养殖池塘尾水处理，指导安泽县开展稻渔综合种养，解决养殖企业难点堵点，有效提高了农业生产经济效益、社会效益和生态效益。

甘肃省：强化种业技术服务助力甘肃种业振兴

一、基本情况

甘肃省是全国最大的玉米制种基地和全国重要的马铃薯、瓜菜花卉制种基地。“张掖玉米种子”获得全国唯一的种子国家地理商标证书，甘州区等6个县（区）被认定为国家级杂交玉米种子生产基地，定西、酒泉、张掖、平凉4个市及山丹、民乐、陇西、金塔4个县被认定为国家区域性良种繁育基地。玉米种子面积和产量均占全国50%以上，其中90%的种子销往全国26个省份，保障了全国50%以上的大田玉米用种；马铃薯原原种13.98亿粒，50%销往云南、贵州、四川等10多个省份。全省现有种子企业706个，种子加工能力达6亿公斤，成了国内重要的种子生产、加工技术中心，形成了制种产业集群，种子综合生产能力和供种保障能力不断增强。

二、主要做法

（一）加强品种管理服务

在品种管理服务上突出品种放、管结合，优化服务。**一是“放”：**在全国率先组织进行了科企和企业联合体试验，开展了审定品种同一生态区引种备案。**二是“管”：**优化品种试验管理模式，强化省级试验和联合体试验监督检查及审定前田间考察。**三是“优化服务”，**以市场需求为导向，调整了玉米品种试验评价指标，增加了机收组玉米品种区域试验，根据生产实际，及时调整了玉米品种病害鉴定的种类，同时抓好品种展示示范与品种风险跟踪评价，确保种植安全。

（二）严格非主要品种登记

一是严格品种登记审查。制定印发了《关于进一步加强非主要农作物品种登记管理工作的通知》，组织开展登记品种试验检查，及时掌握试验落实情况，规范试验数据。**二是加强品种事后监管。**开展登记品种符合性验证试验，加强验证方法学习，提升验证工作能力和水平，将品种清理作为甘肃省加强知识产权保护的一项重要举措来抓，加快向日葵登记品种清理，推动解决“仿种子”问题。**三是优化农作物品种布局。**制定了2021年全省春小麦、玉米、马铃薯、冬小麦和冬油菜品种布局工作方案，及时推荐主导品种。

（三）完善品种试验展示体系

一是完善国家级农作物品种区域试验站建设，配备仪器设备和基础设施，积极承担国家和省级各类农作物品种试验、新品种展示和示范。**二是搭建酒泉蔬菜品种展示示范平台。**在酒泉种子产业园建成瓜菜新品种展示示范点 1 个，展示了来自全国 23 个省 153 个单位的番茄等 6 类蔬菜品种 1 408 个，展示面积达 200 亩，吸引了全国各地的种子企业、经销商、合作社、大场大户和专家来示范基地观摩考察。**三是建设甘州区新品种展示示范点。**在甘州区组织建设玉米和瓜菜登记品种展示示范区 300 亩，展示示范适宜甘肃省种植的省内外优良玉米新品种 330 个、瓜菜新品种 600 个。

（四）完善种子质量监测体系

一是加强省级检测中心建设。配套自动化管理系统，升级硬件设备，积极探索分子检测技术研发，编制《玉米种子活力测定方法》系列地方标准，参与科技部课题 SNP 位点验证检测及全国农业技术推广服务中心品种真实性鉴定 SNP 分子标记法标准验证。推广应用玉米真实性和品种纯度 SSR 分子检测技术及转基因成分检测技术。**二是加强市县检测体系建设和队伍建设。**组织完成酒泉市、安定区农作物种子质量检测分中心检测机构资质复评审工作；开展马铃薯脱毒种薯检测技术培训，培训人数 40 余人。**三是推进冬小麦种子认证试点。**完成国家冬小麦认证试点，组织专家开展田间检验，加强认证田过程控制。

三、取得成效

（一）品种管理服务能力显著提升

2021 年全省共审定玉米、小麦等主要农作物新品种 178 个，引种备案玉米品种 99 个，登记作物品种 1 894 个，登记作物满足了甘肃省非主要农作物种植所需。创新登记品种管理模式，有效解决“仿种子”问题，加速品种更新换代，优化品种结构和区域布局，有力地保障了全省粮食生产。

（二）种业质量检测服务体系进一步健全

全省已初步形成了以省级种子质量检测中心为龙头，张掖等 7 个市、县种子质量检测中心为辅助的种子质量检验技术支撑体系。甘肃省两个部级检测中心在全国率先安装完成了实验室 SNP 系统，开展玉米品种真实性 DNA 检测，实现玉米种子质量由常规性检测向转基因和品种真实性分子检测的转型跨越。同时，扩增马铃薯种薯质量和病毒检测，使甘肃省检测水平一直走在全国前列。2021 年，甘肃省共完成质量抽检 4 558 份、各类种子质量样品检测 639 份，其中转基因检测 188 份，真实性分子检测 162 份，马铃薯病毒检测 64 份。

（三）品种展示示范体系更加完善

一是“看禾选种”平台成效明显，促进省外优良品种的“引进来”，丰富省内的品种资源，为用种者提供更多的选择。同时，通过新品种展示示范，有效促进新品种、新技术的推广和宣传，指导农户科学选种、科学用种。**二是种子质量认证效果提升。**通过承担国家冬小麦认证试点示范和省级玉米、马铃薯认证点建设，建立玉米、小麦、马铃薯等认证示范点 18 个，有序推进全省种子认证工作的顺利实施，提升企业生产种子质量，提高企业品牌效力。

广西都安：打造油茶生产机械化基地
巩固拓展脱贫攻坚成果

2021年以来，都安县以满足农民科技需求为出发点，将农技推广服务作为乡村振兴的重要抓手，大力推进农技推广体系建设，强化农技推广服务职能，切实指导推动产业发展壮大。通过建立油茶生产机械化示范基地和油茶初加工工厂，开展油茶生产机械化技术示范推广，带动基地周边地区油茶生产机械化作业水平提高，不断发展壮大油茶产业，有效巩固脱贫攻坚成果。

一、基本情况

2021年，在百旺镇仁合村建立100亩油茶生产机械化示范基地和250米^{2}油茶加工厂房。引进山地轨道运输机、无人机、电动修剪机等先进适用的机械，在基地进行示范推广，并组织技术培训，召开现场观摩会，发挥示范基地的引领带动作用。引进一套粉碎、蒸制、炒籽、上料、榨油、过滤等油茶加工设备，建成油茶初加工生产线，为周边农户提供油茶烘干、压榨等初加工服务，并将加工厂打造成为就业帮扶车间，吸纳本村脱贫户进厂务工。积极探索“合作社＋基地＋农户”“固定收益＋销售分红”的合作发展模式，由合作社进行承包，村集体经济投入，开展土地租赁，将分片种植整合成连片种植模式，对油茶进行耕种管收统一管护，大力推广油茶生产加工新机具、新技术，打造高品质茶油。合作社获得收益后返利给农户和村集体，实现村集体经济与农户持续发展。

二、主要做法

（一）加强组织领导

为实施好建设油茶生产机械化示范基地项目，县农业农村局成立工作领导小组，负责项目组织领导、综合协调、资金落实和督导检查等工作。同时，组建项目技术组，全面负责项目的技术指导工作。组织农技推广部门和专业合作社建立了协同推进机制，就项目管理方式、技术模式进行研究探讨，促进农机农艺融合，形成统一、有效、科学的技术路线和生产指导意见。及时沟通上级部门，传达工作信息，协调上级部门有关业务专家对项目进行指导。

（二）坚持示范带动

建立油茶生产机械化示范基地。在基地内示范耕地整地、植保防治、田间管理、产品运输等机械化技术，引进先进、适用的油茶生产机械化新技术、新机具，基地生产机械化率达到70%

以上；召开油茶机械化生产现场会，组织无人机、山地轨道运输机、电动修剪机等农业机械开展现场作业演示，宣传发动种植户参加现场农机化技术培训，通过一系列的示范和推广，使广大农民对油茶生产机械化技术有了进一步的了解，为推动油茶机械化技术及装备推广应用发挥了很好的作用。

（三）争取多方投入

统筹财政项目投入 30 万元建设基地，利用村集体经济投入 15 万元建设油茶加工厂，大力推广油茶生产机械化技术。同时，注重整合各方面的惠农政策措施，积极调动合作社、农民机械化生产油茶的积极性。利用农机购置补贴政策，加大配套机械推广力度。鼓励农民购买列入补贴目录的油茶生产机械，同时尽快将补贴资金落实到位、机具供应到位，确保补贴机具在油茶生产中发挥作用。

（四）加强成效宣传

深入农户、合作社和田间地头，大力宣传油茶机械化技术“增产、高效、省时、省力”优点和农机购置补贴等各种优惠政策，增加农民对机械化的了解，让他们能够接受油茶机械化技术，激发他们发展油茶产业积极性；加强作业演示、试点示范，讲给农民听、做给农民看、帮着农民算，让农民看到机械化的实际效果，辐射、带动广大农民发展油茶生产机械化。

三、取得成效

（一）提升油茶经济效益，增加农民群众收入

通过建设油茶生产机械化示范基地和初加工工厂，开展油茶生产加工机械化作业，极大地提高生产效率，减少作业成本，扩大生产规模，创造了良好的经济效益。油茶加工厂年收购茶籽 40 000 斤，受益群众约 200 户（其中脱贫户 85 户），每年为村集体经济贡献固定收益和销售分红 5 万元以上，为群众增收 18 万元以上。通过聘请脱贫户和租地群众对油茶进行耕种管收全方位管护，吸收脱贫人口进入加工厂就业，为群众增收 8 万元以上，有效解决脱贫户持续就业增收难题。

（二）提高农机装备水平，集约人力资源投入

项目实施以来，高质量高性能植保、运输和加工机械设备的引进，不断优化都安县农机装备结构，实现了较高程度的油茶籽加工机械化和自动化；油茶整地、除草、植保等种植管理环节方面的机械化程度也不断提升，还初步实现了油茶挖坑机械化。

（三）着力解决生产难题，推动产业健康持续发展

通过推广油茶机械化技术，解决了人工种植、植保防治、运输成本等方面成本高以及劳动强度大、规模小的问题，提高农民应用农机新技术、新机具积极性，激发农户发展油茶产业热情，种植面积不断扩大，从而促进油茶产业健康持续发展。

扎根基层做好科技创新示范推广力促产业振兴

——国家现代农业科技示范展示基地（从化）2021年建设纪实

一、基本情况

2020年，广州花卉研究中心（下简称“中心”）入选“国家现代农业科技示范展示基地”建设名单。2021年以来，中心积极落实国家现代农业科技示范展示基地（从化）建设运行各项任务，利用自身的科技创新优势开展花卉新品种新技术集成和试验示范展示。示范展示‘小娇’红掌、‘广花红’粗肋草、‘美酒’白掌等花卉优良新品种10个，推广广东省地方标准新技术6项，组织现场示范观摩、高素质农民培训等活动8次，吸引新型经营主体、基层农技人员和花卉种植户到基地观摩学习达5 000人次。中心完善了以市场为导向的产业发展带动机制，形成了产学研紧密结合的科技创新体系和育繁推一体化的高效花卉产业发展模式。

二、主要做法

（一）科技创新和示范推广齐抓共管为基地新品种新技术推广提供内生动力

广州花卉研究中心作为国家现代农业科技示范展示基地（从化）的依托单位，是广州市属农业科研单位，也是广东花卉科技创新主体单位之一。中心多年来一直致力于红掌、白掌等花卉新品种创新培育与研发示范推广工作，先后承担国家、省、市项目142项，获科技成果类奖励34项，专业类奖励155项，制定并颁布实施部、省、市级农业标准28项，自主培育红掌等花卉新品种66个，获国家发明专利授权3项。仅2021年中心就育成‘广花白马’红掌（粤评花20210026）、‘广花伯爵’红掌（粤评花20210027）、‘广花大乔’红掌（粤评花20210028）等花卉新品种8个，并通过省级评定。主持制定广东省地方标准DB44/T 2326—2021《白掌盆花生产技术规程》、DB44/T 2324—2021《粗肋草盆花生产技术规程》、DB44/T 2325—2021《猪笼草盆花生产技术规程》等3项，并经广东省市场监督管理局批准发布实施。自主培育新品种、研发配套新技术，为国家现代农业科技示范展示基地（从化）引领花卉产业高质量发展奠定了良好的运行基础。

（二）建设专业人才队伍做好示范展示和技术推广服务

围绕基地建设，中心配备了一支集自主品种研发、优质种苗繁育、品种展示于一体的专业技术团队，由中心主任、研究员谢伟平同志任总负责人，中心领导班子全员参加。负责国家现代农业科技示范展示基地建设和运行。同时，中心根据推广任务需要组建广州市乡村振兴“百团千人送科技下乡”——花卉品种创新、优质种苗推广、盆花标准化生产示范、花卉应用技术、花艺科普服务等 5 支技术推广服务专家团队，以及广州市花卉种苗和盆花生产服务 2 支技术小分队，并指派广州市农村科技特派员开展一对一技术指导帮扶活动。科技人员经常在生产一线开展科技下乡等技术服务活动，为花卉种植企业、花农和社会各界提供花卉新品种试种、新优花卉栽培技术、新设备设施推广应用服务，并进行市场信息、行业信息交流。

在新冠疫情影响下，基地仍能立足广东，面向粤港澳大湾区和韶关、河源等粤东、粤北地区，并向湖南、山东等全国范围辐射，开展对外服务多达 100 余次，派出技术人员 150 多人次，以优质种苗＋配套新技术辐射带动规模化生产花卉企业 100 多个。

（三）拓展农技服务方式，开展形式多样的技术推广活动

1. 坚持依托自身基地为主要展示窗口开展示范展示推广

中心从化基地占地 350 亩，规模化生产线年产 5 000 万优质种苗，现代标准化生产温室占地 15 万米^2。2021 年全年开展示范展示推广‘小娇’红掌、‘朝天娇’红掌、‘福星’红掌等花卉优良新品种，推广红掌盆花生产技术、粗肋草盆花生产技术。

2. 坚持开展高素质农民培训和花文化传播活动

2021 年，基地面向广东地区开展花卉生产经营与管理、标准化花卉栽培技术、多肉植物养护、病虫害防治技术、蝴蝶兰栽培管理等职业技能技术培训，举办“和平县 2020 年基层农技推广体系改革与建设项目新业态数字农业异地技能提升培训班”等高素质农民培训 8 场，培训达 1 000 余人次；同时，基地坚持做好花文化普及，先后开展押花艺术、插花艺术、组合盆栽等多种形式花文化传播活动，接待中小学生科普研学活动 1 630 人次，为花卉科技普及以及花文化传播提供社会化专业服务。

3. 利用展览、展会等开展花卉新品种、新技术等展示推广活动

2021 年，中心先后参加第二十三届中国国际花卉园艺展览会、第十届中国花卉博览会、广州庆祝中国农民丰收节启动仪式、第二十八届中国杨凌农业高新科技成果博览会、第一届广州国际（流溪）花卉博览会等国内及国际大型展览展示活动，展示推广了‘小娇’红掌、‘朝天娇’红掌、‘福星’红掌等市场主打、深受消费者欢迎的花卉新品种，以及紫色的‘广花紫云’红掌、橙色的‘广花娇丽’红掌、白色的‘广花白马’红掌与‘广花翡翠’红掌等一批能满足个性化、多样化市场需求的特色自主新品种，得到了各级领导、业内专家和社会各界的广泛好评。特别是在上海举办的庆祝建党百年 2021 第十届中国花卉博览会上，中心选送的自主培育新品种、组合盆栽、科技成果等展品，荣获各类奖项 53 个，其中‘广花白马’红掌和‘广花小王子’红掌获第十届中国花卉博览会盆花产品类特等奖，‘玛丽’红掌和‘广花红’粗肋草获盆花产品类金奖；‘广花丹霞’红掌获切花类金奖等。中心还以优质种苗＋配套新技术带动规模化生产花卉企业，同时与全国多个知名花卉企业共建新品种、新技术示范展示基地；立足广东，面向粤港澳大湾区，形成品种＋技术辐射全国的推广模式，开展花卉新品种、新技术集成示范推广，进一步拓展基地在全国范围的辐射力和影响力。

三、主要成效

（一）科技创新和示范推广成效显著

2021 年，中心先后育成红掌等新品种 8 个，获植物新品种权授权 6 个、国家发明专利 2 项；

先后有‘小娇’红掌、‘福星’红掌、‘广花福运’红掌等自主培育花卉新品种在花卉生产上得到广泛推广应用，年产红掌、白掌、粗肋草、猪笼草等优质花卉组培种苗 5 000 多万株、示范成品盆花 250 万多盆，年示范带动规模化花卉生产企业 100 多个、种植户 600 多户，年带动社会增加收益近 2 亿元，在全国范围内引领形成了“小品种，大产业”的红掌产业，在业界“广花”品牌小有名声。

（二）模式创新初步取得成效

在常年坚持科技创新和示范推广的基础上，国家现代农业科技示范展示基地（从化）已经形成了产学研紧密结合的科技创新体系和育繁推一体化、功能齐全的全产业链的花卉产业发展模式。基地作为广东地区屈指可数的优良花卉品种与绿色栽培技术的示范展示窗口、农技推广服务平台、农民及新型经营主体观摩学习的优质载体，先后吸引农业农村部等部委领导、广东广州及周边省市花卉主产区主管领导和“共和国勋章”获得者钟南山院士、驻粤广东省院士团专家以及基层农技人员、花卉种植企业等社会各界人士前来参观考察、调研观摩，并得到了高度肯定。

湖北枝江：构建科技服务体系
夯实产业兴旺之基

近年来，枝江市以农技推广体系改革建设为主线，以提高农业科技服务效能为目标，围绕米果菜、猪牛鱼六大特色产业，构建全产业链农业科技服务体系，完善农业科技“服务链”，织密产业发展“利益链”，实现小农户与现代农业的有机衔接。

一、基本情况

枝江市建有市、镇、村、社（服务主体）四级农技推广体系。全市共有农技推广机构（主体）827 个，涵盖种植业、畜牧业、水产业，覆盖农业耕、种、管、收、储及秸秆回收利用、加工、销售等各环节。枝江市与湖北省农业科学院合作广泛，10 年来，先后合作成立“专家大院”，共建农业科技现代化综合示范区，共建全国农业科技现代化先行县。2021 年，培育农村实用人才和高素质农民等社会化农技推广服务人员 3 900 余名，其中乡土专家 3 600 余人，平均每 20 名农业从业人员有 1 名农技服务人员提供指导。2021 年，全市整合项目资金 3 000 余万元，用于强化科技推广投入和补助。全年累计引进、筛选、繁育和示范新品种 51 个，集成示范新技术 31 项，示范绿色高质高效模式 18 个。

二、主要做法

（一）创新驱动，探索科技服务新模式

充分发挥政府引导作用，探索“政府引导、院校支撑、企业主导、农户参与、利益联结”的科技服务新模式。**以优选品种为突破口，**出台政策大力推行“优种、优购、优储、优加、优销”五优联动工程，将全市水稻种植品种减少到 4 个。**以龙头企业培育为主抓手，**引进央企中化现代农业有限公司，建立中化农业 MAP 技术服务中心，牵头成立 MAP 产业联合体，创新小农户组织形式；同时，在全市范围内分产业遴选“六有”主体，促进企业与村级合作社、农户对接，开展订单生产。**以利益联结为关键点，**通过提供全程生产解决方案和技术培训，产业联合体牵头人享受服务收益，合作社社员享受收益分红，小农户享受生产降本和溢价增效带来的增值收益，实现农业生产经营关系重塑和要素高效配置。2021 年，仅粮食（水稻）产业，全市共组建 MAP 产业联合体 30 个，组织小农户 1.8 万户，服务面积 20 余万亩。**坚持“三品一标”，**突出服务重点，支持产业薄弱环节的生产性服务，帮助小农户实现生产标准化，提升品质。通过近 3 年的努力，枝江玛瑙米、枝江脐橙、百里洲砂梨、董市甜瓜、七星台蒜薹、雪花牛肉、安福寺白桃、枝江蜂蜜等一批名优特色农产品，走上品牌化经营之路，实现了溢价。

（二）科技赋能，搭建融合服务新体系

以“全国农业社会化服务创新试点县”建设为契机，搭建线上线下融合农服体系，组织引导服务需求和服务资源有机整合。充分发挥央企中化农业龙头引领作用，采取“龙头企业＋专业合作社＋基地＋农户”的社会化服务模式，提升全市社会化服务组织能力。**构建“1＋N”试验示范体系。**在问安镇万水桥村建设1个MAP现代农业示范园，面积1 300余亩；在4个水稻主产镇建设24个子示范农场，总面积1.5万亩。将示范农场建在农民身边，做给农民看，引导农民干。**整合社会化服务主体。**重点整合水稻集中育秧、机插秧和飞防农机资源，提高社会化服务水平。严格按照作业标准，完成机插秧服务面积1.5万亩，机插秧模式平均亩产比人工移栽增产5％左右，降低育秧、插秧成本12.5％；整合植保无人机30余台，开展统防统治服务面积10.5万亩，全生育期减少农药用量20％，降低了种植成本，提升了水稻产量和品质。**发挥“智农”平台作用。**通过智农平台，利用卫星、无人机等手段进行遥感观测，开展精准巡田，制定精准的管理措施，提升农田管理效率；提供1公里×1公里精细气象服务，实现2小时内实时预报；根据大田作物生长情况，结合作物生理、土肥状况及病虫害发生历期，通过精准植保和配方施肥，减少农药施用量约3％，减肥5％～8％。

（三）利益链接，打造全程服务新样板

提供产前、产中、产后全过程综合配套服务，让农民成为最大的受益者，不仅解决农民“种地难”问题，还解决了农民“效益低”问题，同时也解决了农产品“销售难”问题。**“村社合一”模式：**枝江市桔缘柑橘专业合作社采取“四四二”模式分红，40％作为管理人员工资，40％用于股民分红，20％作为储备金运作。通过“让村民变股民”，打破单个农户零散、粗放式种植的局面，变单干为共干，开展全程社会化服务和科学种植，统一农资供应、肥水管理、病虫防治、修剪、技术指导、机械作业和采果销售等，实现了农民社员紧密利益联结，合作共赢，带动农民成功致富。**“入股分红”模式：**枝江飞虹柑橘专业合作社积极发展农户和村集体入股，按照“农户入股80％、合作社入股17％、村集体入股3％”的模式开展生产经营，由合作社统一生产、管理、加工、品牌包装、溢价销售。通过“入股分红”，实现了村民生产方式集体组织化，耕作种植技术规范标准化，农业产出品统一品质品牌化，改变了农户仅获得一产收入的局面。**“土地流转”模式：**枝江市百里洲双红砂梨专业合作社流转农户园地种植砂梨，统一实行绿色高效生产模式，在关键时间节点雇佣农户为临时社员开展田间管理及社会化服务，极大提升了砂梨品质和产品商业价值。农户既获得土地流转费用，又赚取务工报酬。

三、取得成效

近年来，枝江“市、镇、村、社”四级农技推广服务网络进一步织密，全流程、“一站式”农业社会化服务综合平台不断完善，农业社会化服务正在成为一个具有巨大市场潜力的成长型产业，对“大国小农户”国情之下的农业现代化转型将产生极为关键的支撑作用，为乡村振兴战略提供了“枝江答卷”。

在农业产业上，水稻、蔬菜、水果和肉牛等产业的农业科技成果在枝江市落地应用成效良

好。2021 年全市主要农作物优良品种覆盖率达到 95%以上，粮食作物耕种收综合机械化率达到 80%，畜禽养殖机械化水平达到 40%以上，化肥、化学农药使用量平均减少 2.6%，畜禽粪污综合利用率 95%以上，主要农作物秸秆综合利用率达到 96%以上。

在体系构建上，枝江市构建了以市级农技推广机构为核心，镇（街道）农业服务中心为抓手，科技示范主体和试验示范基地为着力点，农产品加工企业、合作社、产销者协会等社会力量为补充的多元化农技推广服务体系。全市所有行政村均有科技示范主体及技术指导员。

在服务平台上，搭建了农业科技现代化示范共建、农技推广服务、社会化服务三大平台，形成了多方参与的科技推广组织体系；加强科技培训，提升了农民专业素质，不断健全枝江市基层农技推广服务体系；结合区域产业特点，充分发挥了科技资源优势，搭建线上线下融合的农服平台，不断提升枝江市社会化服务组织能力。

第六篇

十佳农技推广标兵典型事迹

坚守初心三十载　农民身边“亲兄弟”

——记河北省望都县农业技术推广中心农业技术推广研究员王建威

他，30年来奔波于田间地头，踏遍了全县每寸土地，为20多万农民送去农业科学技术。

他，曾作为“全国粮食生产突出贡献农业科技人员”，登上人民大会堂的领奖台，被农民朋友称为“亲兄弟”。

他就是望都县农业技术推广研究员王建威。

怀揣让家乡小麦增收的梦想，王建威经过努力考上了河北农业大学邯郸分校农学系作物专业。1992年6月毕业后，被分配到望都县农业局农业技术推广中心，在这里真正踏上了农业技术推广的道路。“我的工作主要是推广科研院校的新品种、新技术、新农药、新机具、新设备，实现节水、节药、节肥、提质、增效，让农民增加收入。”从助理农艺师到农业技术推广研究员，从“小王”到“老王”，王建威一干就是30年。

30年来，王建威跑遍了望都县每个村，亲身见证并推动了县里农业的突破与发展。30年来，他带领技术人员奔赴全县8个乡、镇，深入田间地头，为广大农民送技术。他从河北农业大学聘请专家，组成培训团，为农民讲解田间实际操作技能和肥水管理技术。

如今，儿时的梦想早已实现，望都县每亩小麦平均产量508.5公斤。“2021年6月17日，在我的老家南张庄村，我负责技术和品种的30亩小麦示范田，采用矮秆、节水、高产的‘马兰1号’小麦品种，运用缩行匀播种技术，实打实收3.5亩，又一次创造了保定市小麦最高亩产纪录——797.7公斤，亩产将近1 600斤。”王建威说，他下一步目标是创造河北省最高亩产纪录。

如何让农民增收，是王建威始终关注的话题。2011年望都县被列为燕山-太行山集中连片特困县，王文村被列为扶贫开发重点村。当年县委、县政府提出“一乡一特一高校，一村一品一专家”的发展理念，王建威被派到这个最困难的村，负责调整农业结构，带动村民脱贫致富。

为了尽快了解村情民情，王建威吃住在村内，做了大量调查走访，最后发现老百姓们多数愿意发展大棚番茄产业，就是苦于没技术，怕钱打了水漂儿，所以都在观望。在他的技术保障和苦口婆心劝说下，65户村民答应尝试发展大棚番茄。经过没日没夜的艰苦奋斗，大棚种植番茄当年就产生了效益，每个棚纯收入达到了2万元，从开始的65户很快发展到240户，共460个大棚。

不仅如此，在王建威的带动下，全县及周边县市推广辣椒80万多亩，实现增收8亿元；推广硬果番茄35万余亩，实现增收12亿多元；与河北农业大学等院校合作，促进粮食蔬菜科技成果转化15项，增加社会经济效益30多亿元。

据不完全统计，30年来，王建威累计为农民朋友“传经送宝”近3万次，培训农民6万多人次；为全县引进推广小麦新品种2个、玉米新品种5个、蔬菜新品种56个，选育辣椒新品种

3 个，申请地理标志产品保护 1 项，主持制定省级技术标准 1 项、市级标准 5 项。

仅在 2020 年春季疫情期间，王建威就带领全县 60 余名农技推广人员、10 余名技术专家开展线上服务、指导和诊断，及时解答农业问题 120 余个，发布服务日志 300 余条，有效实现了农技指导 24 小时全天候、跨时空高效服务。

正是这一系列的付出，王建威成了很多农民口中的“亲兄弟”，成了很多百姓眼里的“自家人”。他满怀对土地的热爱，以自己的实际行动践行着一名农业技术推广研究员扎根基层、服务三农的初心和担当！

讲解早春地膜辣椒管理技术

为番茄种植户现场测试喷药用水的酸碱度

小麦收获前测土壤墒情

指导大棚辣椒育苗

农田中的“科技舞者”

——记内蒙古科尔沁左翼中旗农业技术推广中心农业技术推广研究员梅园雪

“大家追肥时要注意，不能一个方子配到底，要根据作物的长势和土壤的情况进行配方，这样才能提高化肥的利用率，减少投入。”清脆的嗓音引起了大家的注意，循声望去，一位中年女性正顶着烈日穿梭于玉米大田中，她就是内蒙古自治区县级唯一的二级农业技术推广研究员、农民心中的“女粮王”——梅园雪。

“农技推广是我的事业，更是我的第二生命，我要不遗余力地做好科技成果转化和农业技术推广工作，尽早尽快让农民从根子上脱贫致富。”这是梅园雪一直以来的信念。梅园雪心里，土地就像自己的母亲，让母亲青春不老，提高耕地质量是她永恒不变的追求。2005 年以来，梅园雪主持实施测土配方施肥、玉米高产创建示范等项目，她带领团队推广了测土配方施肥、玉米螟综合防治和滴灌等 10 余项实用技术，推广应用面积累计 4 972.22 万亩。其中，仅玉米螟综合防治一项就挽回粮食损失 5 000 万公斤，2021 年项目区玉米亩产增收 100 公斤，新增总产量 400 万公斤，人均增收 2 870 元，农牧民亲切地称她为“女粮王”“女财神”。

为了减少农业用水、提高耕地质量，以及解决地膜污染、残膜难回收等问题，她找专家、查资料、搞调研、做论证，虚心地向农业生产第一线的农技人员请教，再艰苦的环境也挡不住她深研技术、创新实践的心。正是靠着这股钻研的劲头，浅埋滴灌一带三年免耕种植技术模式在梅园雪的手中诞生了，同年获得了国家知识产权局颁发的高地隙农田综合作业机和农作物行间深松铲耘机等 4 个实用新型专利证书。同时，针对播种时机具下陷拥土的问题，她参与研发推广的防陷覆膜播种机，为覆膜技术普及推广开辟了新的途径；为弥补大小垄浅埋滴灌种植模式下小垄不能中耕的缺欠，她参与研发的大小垄深松播种施肥机，实现了播种、深松同步进行，有效避免了地头漏播，节省了人工补种的成本；研发的浅埋滴灌高效节水技术模式，实现了科尔沁左翼中旗 220 万亩高效节水工程粮食总增产 35.2 万吨，农田灌水利系数由 0.62 提高到 0.85，是中低产田改造的一项创新性技术途径，已推广至通辽市周边地区以及黑龙江省、吉林省、辽宁省等地。这些技术成果的研发推广应用，将吨粮田由小面积示范到大面积推广变成了可能，实现了农机与农艺的完美结合。

2020 年，梅园雪又着眼于盐碱地改良、中低产田改造。通过一年的努力，已完成 7 个模式图、11 项地方标准，经过三年盐碱地改良试验研究总结出西辽河流域可复制、可持续的盐碱地改良技术模式，可实现全市 400 多万亩盐碱化耕地中低产田改造，使产量翻一番，亩增收 800 元。

梅园雪时时处处以身作则，率先垂范，样样走在先、干在前，32 年始终如一日。年均下乡日达到了 200 多天，足迹遍布全旗 516 个村屯，累计举办各类科技讲座 1 000 余场，悉心培养科技示范户近 2 000 人、农民技术员 3 000 余人，并为全旗脱贫攻坚输送产业指导员 512 人。

梅园雪还经常鼓励年轻技术员到试验示范一线搞技术承包，让每个人的价值都发挥到最大。通过多年的培养，她的团队已成为一支学科结构合理、创新能力强、科技成果应用成效显著的创新人才团队，并入选了内蒙古自治区 2016—2017 年度“草原英才”工程产业创新人才团队第一层次名单。

等身的荣誉只代表过去，不断地超越和突破，才能更好地为民服务，才能对得起她深爱的这片土地。在建党 100 周年之际，她继续奋斗在生产一线，尽己所能为群众办实事，为农业人才培养后备力量，为农牧业发展奉献光辉。

科左中旗节水增粮增效、玉米密植绿色高产机械化播种

科左中旗玉米密植高产整地技术培训会

深入养殖合作社推进盐碱地草畜一体化

为全旗种植大户和示范户，讲解科左中旗2 万亩盐碱地改良情况

黑土大地的骄傲，科技致富引路人

——记吉林省梨树县农业技术推广总站书记赵丽娟

赵丽娟，在梨树可谓妇孺皆知，经常能在电视上看到她的身影。1985 年大学毕业后，赵丽娟被分配到梨树县农业技术推广总站工作，从此便走上了农业技术推广之路，一干就是 36 年。

她以一颗对农民赤诚、对工作忠诚、对事业不懈追求之心，凭着在学校学到的扎实理论知识和吃苦耐劳的精神，从一名农业技术员做到了二级农业技术推广研究员，从一个普通的农技推广者成长为县农业技术推广总站书记、本专业学科带头人。

赵丽娟心系农村，心系农业，心系农民。这些年来，在她的工作日程表上排得满满的是农技推广、农技咨询、测土调查、病虫测报、印发材料、农技宣传、下乡讲课等。她每年根据农业生产实际情况及生产中存在的问题，有针对性地带领技术人员进行试验研究，亲自制定方案并组织实施，坚持按时调查各种数据，风雨不误。每年的"五一"和"十一"法定节假日，本应是休闲度假最好的时间，却是她最忙碌的时候。"五一"是试验研究项目播种最好的时间，这段时间她在田间早出晚归，指挥科研人员进行试验地的设计和播种；"十一"是科技人员收获果实的时候，承担的试验项目要测试每一个品种、调查每一个田块，田间调查完成后，还要对试验研究成果进行科学的统计分析总结。

功夫不负有心人，几十年来，她先后带领科技人员完成 100 余项试验研究项目。她参与主持完成的项目有 20 项获得省市科技成果奖，其中"保护性耕作土壤微生物区系变化规律与调控技术研究""半湿润区玉米超高产平台建设技术研究""玉米秸秆条带覆盖免耕生产技术规程"先后被确认为吉林省科技成果，这些项目在农业生产中发挥了重要作用。

赵丽娟在农技推广路上一步一个脚印地前行，用知识和汗水为梨树农村经济的发展和农民的增产增收作出实实在在的贡献。几年来，她先后主持完成了"优质玉米综合技术推广""旱田喷灌配套栽培技术模式推广"等 20 余项农业技术推广项目；不仅亲自制定实施方案、组织项目的实施，而且还亲自下乡深入到各乡（镇）村屯讲课。她积极培训技术骨干和科技示范户，编写科普教材，制作科教录像片，累计讲课 800 余场次，培训人数近 6 万人次，她的足迹遍布在全县村屯的每个角落，而由她组织推广的新技术项目在广大农村产生了巨大的经济效益和社会效益。

2008 年 10 月，全国"农业科学家科普行动"走进了梨树，她与中央电视台军事农业频道《科技苑》栏目主持人一同主持了节目，由于她知识全面、实践经验丰富，加上思维敏捷，她对农民提出的问题对答如流，深受在座的领导、专家和农民的好评。这次节目在中央电视台的播出，不仅宣传了国家的惠农政策，同时也对农业新技术的推广起到了很大的促进作用，不仅在当地引起了强烈反响，也使得吉林梨树的粮食高产经验向更广大的范围传播出去。

赵丽娟把科技星火播撒在希望的田野上，把自己的青春年华无怨无悔地奉献给了生养她的这片松辽黑土地，让梨树的老百姓看到了一位党员的时代风采，看到了一个农业科技工作者务实创新的精神品格。而今，她又站在了新的起跑线上，焕发青春，为农业技术推广事业贡献余生，向着农业更加辉煌的明天进发。

办公现场

深入田间调查、记载相关数据

讲解试验基地情况

在吉林省减肥增效现场会介绍梨树县减肥增效经验

黑土地上勤劳的守望者

——记黑龙江省绥化市北林区农业技术推广中心主任李连文

李连文不是农民，却比农民起得更早、跑得更远。20 年来，无论是春种秋收还是严寒酷暑，他的身影总会风雨无阻地出现在田间地头，他将辛勤耕耘的足迹留在了 309 万亩的寒地黑土上，成为这片黑土地上最勤劳的“守望者”。

在与农民的朝夕相处中，李连文深知农民对技术的渴盼，而要想让农民将农业科技知识入心入脑，就要用自己一身汗、两腿泥向他们传播农业科技的正能量。

他带领团队学习和探讨先进农业科学技术，努力打造一支技术过硬、作风过硬的农科队伍；他率先垂范，走进田间地头讲解先进农科技术，把脉耕地，诊断苗情，亲自操作，规范管理，起到了很好的示范带动作用。2015 年国家新型职业农民培育工程正式启动，为了开展好新型职业农民培育工作，他带领相关人员到村屯进行调研，了解农民存在的问题和需求，针对这些需求并结合北林区实际设计课程聘请专家，通过培训大大提高了农民的科学种田水平，使农民更系统地了解作物生长规律和生长习性，能更好地对田间管理、防虫、治病等问题进行处理，并对周围的农民在技术方面有很好的辐射带动作用，提高了粮食产量，增加了农民收入。

近年来，北林区加强现代化大农业建设，以科技示范为突破口，先后建设了水田主产区乡镇 7 个千亩科技示范园区和绥西、绥东两个玉米、大豆科技园区。在千亩科技示范园区里，李连文认真研究分析当地实有情况并制定了配套技术，查找出水稻育苗中存在的问题，并提出解决方案。在绥西、绥东两个玉米、大豆科技园区里，李连文带领团队，运用现代农业管理理念，以测土配方施肥技术为主导，把选用优良品种、科学深耕、秸秆还田、科学防治病虫害的先进技术组装配套，规范种植，科学管理，并在全区推广。

20 年来，李连文始终把做好农业预测预报工作作为工作的重点。每年 7 月中旬后降雨较多，空气湿度大，这种天气条件使水稻容易感病，特别是容易发生稻瘟病，给全区水稻安全生产和农民的增收带来了严重的威胁。他带领北林区植保站深入田间，及时掌握田间动态，把预防稻瘟病纳入重要日程，用通俗易懂、实用、实效等的方式方法示范指导农民科学防治稻瘟病，通过移动短信平台、微信群等向农民及时发布稻瘟病预测预报。为了更好完成国家稻瘟病统防统治任务，他带领同事选药剂、制定招标计划、选择飞防公司，认真、仔细、谨慎完成好稻瘟病统防统治的前期准备工作。截至 2020 年，北林区稻瘟病统防统治面积达到 450 万亩次。

近 3 年，李连文在干好本职工作的同时，为脱贫攻坚工作积极谋划、主动作为。太平川镇东兴村和三井镇十三村是北林区农业技术推广中心的帮扶贫困村，其中李连文重点帮扶 10 户贫困户。在入户走访、帮扶时，他发现贫困户大多年老体弱，家里田地大都流转出去了，但都有闲置的零星土地，且家中粪肥也很多，于是确立帮扶小菜园项目，帮助发展“菜园经济”，并积极帮助贫困户组织销售和回购农副产品，为贫困户创收 5 500 多元。同时，李连文传经送宝助力三井镇十三村种植大球盖菇，指导全体村民大力发展产业经济，取得了良好的经济效益。

守望黑土情不移，忠诚无悔谱华章。作为黑土地上最朴实的农业工作者，李连文用自己一颗赤诚之心，在农业技术推广服务的天地里，书写了最美的农技人生。

向农民讲解水稻秸秆还田技术

在秦家镇秦家村指导农民进行水稻苗床管理

在太平川镇团结村田间指导农民移栽茄子

在新华乡新华村指导农民水稻移栽

为了那片深情的土地

——记浙江省杭州市富阳区农业技术推广中心蒋玉根

蒋玉根，参加工作32年来，一直与泥土打交道，与农业共成长。在他的心里，耕地就像自己的儿女，有着一种特别的感情。

担任土肥站站长18年间，他一直致力于土肥技术的创新与发展，着力与大专院校、科研单位合作。1996年，蒋玉根就与浙江农业大学何念祖教授开展缓控释肥的研发和应用，其成果获2001年浙江省科技进步奖二等奖；1999年起与中国科学院南京土壤研究所、浙江大学联合开展污染土壤植物修复基地建设，参加国家级科研项目6项，其中863重点项目3项。2008年，他与浙江大学一起开发的测土配方施肥专家信息系统获2009年浙江省科技进步奖二等奖。由于他出色的工作及创新能力，富阳土肥工作多次获国家、省级土肥部门点赞，也被省级土肥部门誉为“桥头堡”。

为有效掌握富阳耕地的质量水平，蒋玉根与团队成员一起，踏遍了富阳的山山水水，是富阳的活地图，采集土壤、植物样本1.2万余个，农化分析12万多项，并利用检测数据开展耕地养分和区域环境质量评价，指导测土配方施肥，被农民朋友亲切地称为“庄稼医生”。为控制农业面源污染，实现农业绿色发展，他研制开发了富阳区主要作物的配方肥。蒋玉根同志大部分时间蹲在田间地头，开展耕地调查、土样采集，安排试验示范，他指导和亲自做的田间试验有400多组4 000多个小区，田间示范200多个。形成了超级稻、茶树、油菜等主导作物的施肥指标体系，建立了富阳区测土配方施肥专家信息系统，并在富阳区全部乡镇（街道）安装了测土配方施肥触摸屏，开发了测土配方施肥手机App。针对生产中发现的缺素症，及时提出技术措施，纠正农民施肥习惯，推动中微量元素应用，建立的缓控释肥减肥技术模式帮助富阳区实现化肥施用的连续负增长。

为提高农民科学施肥水平，2006—2020年，蒋玉根指导测土配方施肥技术应用面积达1 000多万亩次，实现了富阳区主要作物应用的全覆盖，制订印发不同作物、不同区域、不同土壤类型的测土配方施肥明白卡200多万份。蒋玉根积极引导农企对接，不断加强配方肥的应用推广，配方肥使用总量已占全区化肥量的80%以上，创建的化肥减量增效模式2017年获时任浙江省副省长孙景淼同志的点赞和批示。

“皮肤黑黑的，戴着草帽，穿着胶鞋，有时候肩上还扛把锄头，活脱脱一个地道老农。”这是春华村种菜大户金国祥对蒋玉根的第一印象。不过很快他就发现，这个“老农”不一般：“和蒋站长认识20多年了，他让我地里的产量翻了一倍。”当了32年农技员，蒋玉根觉得这个职业最重要的就是要让农民愿意听。土壤修复、施肥管理，是蒋玉根的主要研究推广方向。蔬菜种植户金国祥在同一块地连续三年种植番茄，在第三年番茄要挂果时，叶子逐渐枯萎，然后逐渐掉果，最后连苗都撑不下去。蒋玉根知道后，马上过来采集土样进实验室分析，看土壤里哪些元素、病菌超标，以及哪些元素匮乏，再通过具体方式进行调整，番茄连年种植再也没患过病！这事过后，金国祥及其他农户彻底心服口服，什么时候施肥、施多少量、农作物怎样轮作，都习惯先问一问蒋玉根，这样心里更踏实。

蒋玉根是一个平凡的农业科技工作者，但凭着一种执着、一种情怀，即使由于长期劳累突然晕倒，即使带病坚持攻克技术难关导致白头，即使为了工作忘了家人，也从来没有停息对耕地的挚爱之情。因为，他对这片土地爱得深沉！

观察长期施用有机肥的黄瓜生长情况

在蔬菜基地指导新任干部如何识别土壤障碍

考察茄子的生长情况

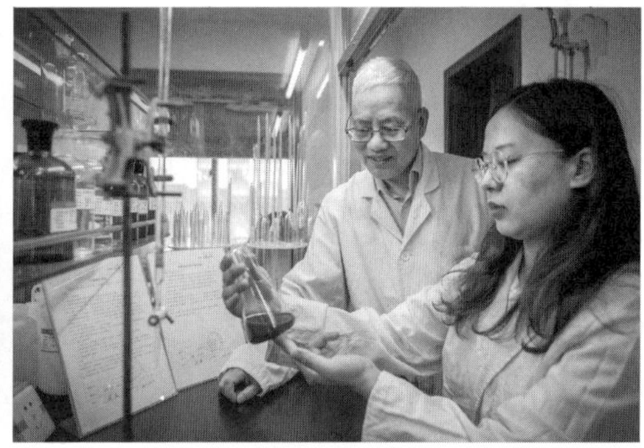

指导实验室人员检测照片

一腔热血、一技之长，积极投身农技推广事业

——记河南省邓州市农业技术推广中心主任冀洪策

冀洪策同志三十年如一日，在农业生产和科技推广第一线，切实履行一线农业技术推广工作者职责和义务。他带领农技推广团队强化"种、肥、墒、苗、病虫"五情监测、农技服务、集成推广和防灾减灾等生产指导，把技术送到田间、把服务送到农户，为保障粮食和重要农产品有效供给提供技术支撑，极大地提升了农技推广活力，充分展现了一名农业技术推广工作者的责任感。

他熟悉农业先进技术和有关产业发展趋势，有丰富的农技推广服务经验，业务能力强。他结合邓州实际，根据农事特点，制定了"四季送科技规划图"，从春种、夏管到秋收、冬播，都列出详细的科技服务内容。农民夸赞这是"四季送宝图"。

他始终牢固树立藏粮于技战略、粮食安全战略思维，扎根农业，服务意识强，业绩突出。"只要农民能够发展高质高效农业，保障粮食安全和重要农产品有效供给，使农民走上富裕道路，自己再苦再累也心甘情愿。"脱贫攻坚战打响以来，他带领单位的 34 名科技人员，下到全市农村最需要的地方，要求每人至少指导 3 个新型经营主体，每个新型经营主体帮扶 10 户以上贫困户。在农业生产关键节点，通过广播电视、邓州科技、电脑视频、手机信息、12316 三农服务热线等平台，多形式、多途径宣传农业知识。经过努力，目前已有上百家农业合作社大见成效。

他善于钻研，积极探索农业绿色可持续发展路线、提升农民素质、带动农民增收。他带领农技推广团队，经过五年潜心钻研，不断实践、总结经验教训，现已形成了以"微生物菌肥研发""小麦窄行精准匀播"两项自有知识产权为核心，以"品种优化利用""土壤肥力提升""微生物有机菌肥替代化肥减施""旱灾和病虫草害绿色防控"四项改良技术为配套的"豫西南半湿润区小麦绿色高产高效技术"集成体系。参加工作以来，冀洪策先后主持和参与了"禾谷类杂粮优质专用高产高效品种筛选""高粱品种生态适应性评价与布局""甘薯产业化发展"等重大项目。他这些技术项目提高了作物产量，改善了农产品品质，实现了节支增收，累计推广应用 1 600余万亩次，粮食增产 38 140 万公斤。根据邓州市实际生产情况，结合市场需求，他为邓州市制定了酒用高粱标准化种植技术，鼓励企业发展酒用高粱订单农业。在他的指导下，邓州荣冠农业科技有限公司等先后与贵州茅台、五粮液、汉王酒业等签订高粱种植订单 6 万亩，亩净收益增加 1 000 元左右，为周边农户提供就业岗位 480 个，示范带动酒用高粱面积 10 万亩。截至目前，邓州市酒用高粱种植面积由 2017 年的不足 1 万亩扩大到 13.5 万亩，形成了豫西南最大的酒用高粱种植示范基地，酒用高粱成为邓州市新兴的特色产业，为乡村振兴培

育了新的经济增长点。

他作风扎实，常年深入农村开展技术培训咨询和试验示范工作，积极为当地产业发展提供技术咨询指导。2018 年 9 月，邓州市为 107 个贫困村的 365 位创业致富带头人举办专题科技培训班，安排冀洪策做专题辅导。在接连的几天时间内，他结合党中央的精准扶贫战略思想、企业与创新、企业与文化、企业与技术支撑等方面进行具体的讲解。

冀洪策同志的扎实业绩和优秀品格，赢得了广大科技人员、农民和干部的敬佩和赞扬。

为新型经营主体、种植大户、贫困户进行
花生增产科普培训

在邓州市小麦绿色高产示范基地观摩会上
讲解小麦绿色高产栽培技术

在高粱田作苗情调查

在酒用高粱标准化种植基地观摩会上
讲解酒用高粱种植技术

让初心在畜牧兽医一线绽放光彩

——记广西容县动物疫病预防控制中心主任彭炎森

“从沉心钻研破难题，到数次援非展风采，你为群众致富保驾护航，你用真心传递中国情谊，人生由磨砺而出彩，梦想因奋斗而升华。”这句话是广西玉林市容县动物疫病预防控制中心主任彭炎森的真实写照。

在大多数人看来，畜牧兽医工作是又脏又累的活，不仅要随时接触患有各种疾病的畜禽，还要经常日夜加班钻研攻坚，其中的艰辛困苦是一般人所无法想象的。但是，对于彭炎森来说，这恰恰是自己最热爱的职业。“我的想法是，当一名兽医更能用自己的专业知识服务群众，基层太缺畜牧兽医技术人员了。”

正是本着这样的初心，彭炎森坚持干一行爱一行。1994 年 8 月，彭炎森刚从广西柳州畜牧兽医学校毕业到容县松山镇畜牧兽医站工作，还没来得及遍访养殖户，就碰上了一个棘手难题。三合村养殖户覃武炎家里刚生下的一窝小猪拉肚子，奄奄一息。彭炎森急忙放下手里的工作，赶到猪圈查看病情，断定是死亡率较高的仔猪黄痢，如果不及时救治，就会造成严重损失。于是，他按照所学的知识选用当地的中草药混合在饲料中给母猪喂食，让仔猪在吃奶的同时就能“吃药”；同时，给重症的仔猪灌服药汁，2 天后仔猪就恢复，活蹦乱跳。

彭炎森不但关注群众的需求，还坚持以逢山开路、遇水搭桥的毅力积极参与规模化鸡场主要疾病防控技术研究和生态养殖技术模式探索，扎实推动了畜牧业绿色发展。广西鸿光农牧有限公司技术总监蒋维维说：“彭主任帮助我们强化了麻鸡疾病净化，使得鸡的品质更好了，效益也更高了。”在彭炎森的帮助下，鸡苗的存活率提升了 5%左右，直接创造利润 2 000 多万元。

在 2003 年暴发的猪附红细胞体病、2007 年暴发的猪“高热病”、2019 年周边地区发生的非洲猪瘟等危害容县养殖业的重大疫情事件中，他坚持深入一线寻因破题，直接服务养殖户 27 600 多户次，组织消毒养殖场（户）39 422 次，春防集中免疫畜禽 1 000 多万羽（头），将群众的损失降到最低。2019 年在防控非洲猪瘟攻坚战中，彭炎森带头冲锋，与团队 24 小时处于战斗状态，常与同事彻夜未眠，并肩战斗在实验室的岗位上。2020 年创新用无人机进行疫病监测排查，依靠科学防疫，强化生物安全，群防群控，保住了一方净土，为生猪恢复生产提供了安全环境。积极领衔创建全国首批畜牧业绿色发展示范县，获得了全国畜禽粪污资源化利用重点县项目支持，全县畜禽粪污资源化利用率从 59.12%提高到 91.26%。

2013 年初，彭炎森坚决加入中国—埃塞俄比亚“南南合作”项目专家队伍中，一干就是两年，其后的 2017—2019 年还四次跨国援非。在援非期间，彭炎森示范推广高效安全实用新技术 20 多项，诊治家畜病例 10 600 多例，得到了 FAO、当地政府和农牧民的充分肯定，不少农牧民给他送来了感谢信。他的相关科研成果得到了圣普专业机构的检测认可，国内外许多重要媒体进行了专题报道。2019 年 11 月，他受邀出席 FAO 高级别活动并作发言：“我的中国梦其实很简单，不管在何时都要牢记初心与使命，不管到哪里都要干出样子来，始终以认真的态度、敬业的精神、无私的奉献，实现人生的价值。”

给生猪散养户进行技术培训

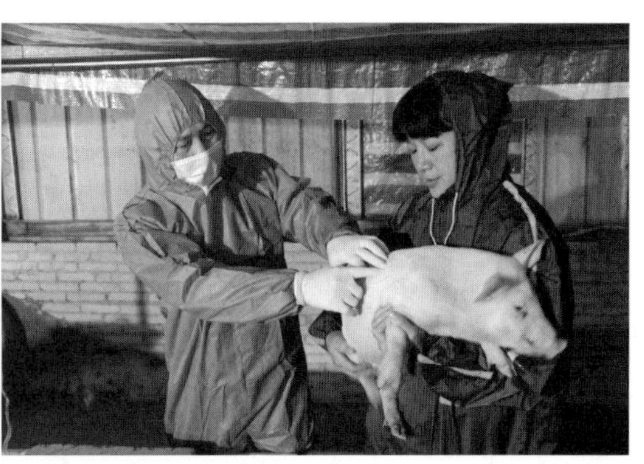

在石寨镇现场示范指导养殖户进行猪的胸腔注射

在十里镇开展鹅的禽流感监测采样培训

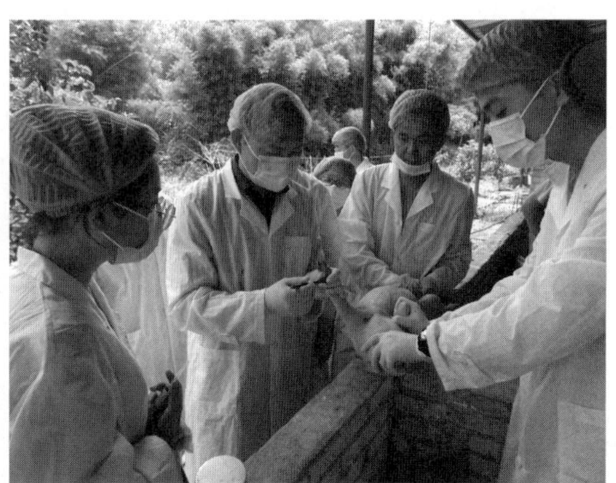

在自良镇猪场实战培训年轻兽医技术员前腔静脉采血

保护种质资源　促进产业发展

——记云南省玉溪市江川区畜牧水产站站长张四春

张四春是云南省玉溪市水产界的知名专家，在当地群众眼里，他是个兢兢业业的老黄牛；在领导眼里，他是一个干事情的行家，只要把事情交到他手里就放心了；在当地水产养殖户心里，他更是个可亲可敬的老大哥，养殖上遇到问题，找到他就找到了主心骨；在同行眼里，他是个接地气的一线水产研究与应用专家。

自 2005 年担任云南省江川县水产技术推广站站长以来，张四春把自己的时间和精力一分为二，一部分用于土著鱼种繁育和保护方面，另一部分则花在水产养殖户身上，通过微信群、农业信息网等，推送土著鱼类养殖技术，引导示范可控污智能化养殖技术，通过江川土著鱼类公共品牌创建，提高市场竞争力。其全心全意的服务，使他在推广土著鱼类创新集成技术、提供苗种和推动玉溪市水产养殖业发展方面成绩卓著。因其巨大的贡献，他先后获得 51 项荣誉。

33 年来，他长期投身基层农技推广服务事业，利用养殖户比较容易接受的微信群、现场指导等，为养殖户提供优质服务，深受基层养殖户的欢迎和爱戴。他先后在省级以上刊物发表科技论文 33 篇，编著和参与编写出版图书共 4 册。近年来，他在江川区水产技术推广站举办培训班 8 期，培训 670 人次，现场观摩培训 10 批次，参训 800 人次，现场指导 1 260 次。

2021 年，张四春在江川区推广“工厂化”养鱼模式——池塘内循环流水养殖模式。这项技术模式是云南省发展现代渔业进行的大胆尝试，其绿色环保的养殖模式对玉溪市“三湖”保护具有重大价值。技术模式的应用推动了水产养殖智能化，可以实现主要养殖水质指标限时监测、断电预警、自动投喂等。同时，经过多年推广，池塘、坝塘增氧技术及光合细菌等微生物制剂在江川区水产养殖中已实现常态化应用。多年来，张四春主持编制了土著鱼类养殖玉溪市地方标准和企业标准 7 项，通过推广应用不断推动江川区乃至玉溪市的渔业产业提质增效，为农民增收奠定了坚实基础。

近年来，随着环境污染加剧和湖泊生态恶化，江川区大量土著鱼类相继步入濒危鱼类行列，走向消亡。张四春看在眼里，急在心中。为拯救濒危大头鲤，自 2002 年春季起，他们培育大头鲤鱼苗，通过人工增殖放流进入星云湖。张四春作为大头鲤原种恢复项目的组织者和主要参与人，负责原种站工作 21 年，取得了累累成果。他还注重强化江川区渔业公共品牌创建工作，成功注册“江川大头鱼”地理标志证明商标，“江川大头鱼”地理标志保护产品已进入技术审查阶段，为大头鲤开拓市场、延伸产业链、提高附加值奠定了基础。

其实，被他们抢救回来的濒危鱼类不只是大头鲤。这些年来，通过他们的努力，星云白鱼以及抚仙湖所特有的云南倒刺鲃、抚仙四须鲃、花鲈鲤、杞麓鲤和抚仙金线鲃等土著鱼类，人工驯养、人工繁殖和人工养殖成功，种群数量不断扩大，高原水乡的土著鱼类又重新活跃在抚仙湖和星云湖中。

2009 年以来，土著鱼类增殖放流力度逐年加大，星云湖共计增殖放流大规格大头鲤鱼种 32 506.4 千克，5 厘米以上夏花鱼苗 1 043.5 万尾，每年新增生态大头鲤产量 60 000 公斤。同时，他们还在江川区的水库、池塘、坝塘等适宜水域推广养殖土著鱼类。2011—2021 年，他们为水库、池塘、坝塘推广养殖提供大头鲤苗种 8 548 千克，覆盖包括示范户在内的养殖户累计 503 户，推广示范养殖面积累计达 891.5 公顷。

检查刚刚出膜的幼鱼

挑选种鱼

开展濒危土著鱼类人工繁殖，给鱼类注射催产素

现场讲解渔业新技术

坚守初心育良种　心系农业促增收

——记陕西省三原县种子管理站杨茂胜

种子是农业的芯片，一粒种子可以改变世界。要解决粮食的种子问题，选好优质良种，扩大种植面积，提高粮食产量，搞好优良品种的繁育、推广和应用，这是奋斗在一线的农技专家杨茂胜同志时常挂在心中的一个理想和中国梦。

杨茂胜从走进三原县种子管理站第一天起，就始终坚持一步一个脚印，尽心竭力地从事农作物新品种的开发、培育、引种、试验、示范、推广以及种子检验、质量监督等工作。

他在种子检验工作中，始终坚持在提升标准质量中体现担当，做好自己的每一项工作，善于学习，在新品种的研发中下功夫，同时又主动配合公司与咸阳市农业科学研究院联合进行油菜品种开发工作。在秦优 8 号双低油菜新品种培育成功后，他又主动申请到江苏、安徽、湖北等地进行试验，开展示范及推广工作，最终他首次把培育出的油菜品种在长江沿岸推广上千万亩。每年玉米、小麦收获前期，省、市相关领导、科研专家、科技示范户等都来试验站进行考察观摩，与他交流新品种动向，鉴别筛选新优品种，实现了良好的示范、辐射和带动作用。

杨茂胜认为粮食产量的提高、新品种的成功研发百分之八十源自不停地试验、示范，要与各地的自然环境和人们的种植习惯、种植模式等多项因素相结合，才能发挥更大的潜力。

2002 年春，在他的建议下，三原县种子管理站在新庄乡土官村组织二亩承包地，建立第一个玉米、小麦引进试验站。从起初的“零品种、小规模”到现在承担着国家、省级、市级的玉米、小麦、油菜、大豆等多项综合性新品种试验，尤其是收获和播种，抢收抢种，不分黑白加班加点，争取把试验播种在最佳播种期，他累计完成国家、省级、市级各类品种试验 450 余组 5 000 多个品种，其中公益性试验 350 组 3 500 多个品种，其他试验 100 余组 1 500 多个品种；累计向品种审定部门推荐品种 320 个。共引进适合陕西大面积种植推广的玉米品种 10 个、小麦新品种 6 个；参与选育并通过国家或陕西审定的玉米、小麦、油菜等新品种 8 个；育种工作遇到极端天气影响，将要报废时，不气馁不悔心，哪怕保留一粒亲本材料，也要搞好育种工作，独立完成自主研究培育并通过审定和登记的双低优质杂交油菜品种 5 个，累计在陕西、长江中下游等地推广种植面积 710 万亩，平均亩增产 15%，累计实现社会效益 7 亿元。

杨茂胜说：“他的战场在地里，不在功劳榜上，因为你面对的不仅仅是一粒简单的种子，还有成千上万的农户，他们的生活和收入可能会因为有一个新种子而改变，所以需要不断创新，不断开发。”在调整产业结构、帮助群众增收方面，他选育引进了特用玉米（青贮，甜糯黑）、强筋小麦以及黑小麦等优特品种，配合咸阳市总工会扶贫任务，支持引导村民种植黑玉米、黑小麦，积极弘扬劳模精神，勇担社会责任，强强联手开展扶贫攻坚，参与“种植业劳模技术创新联合体”，并成为劳模脱贫攻坚技术服务团一员。他积极参与咸阳市总工会组建的劳模脱贫攻坚技术服务团，深入田间地头为群众提供科学技术支持，真正解决产业问题。

杨茂胜始终立足岗位，强化担当，坚持不懈地研究品种，促进品种更新换代，让农户种上自己培育出的高产、稳产、优质的种子，获得高收入，继续用实际行动践行习近平总书记“中国人要把饭碗端在自己手里，而且要装自己的粮食”的新使命。

观察玉米品种苗期长势情况

观看油菜亲本材料蕾期长势情况

在田间对小麦品种观察记载

做好玉米试验田间记载，筛选抗病优质高产品种

扎根高原　奉献青春为三农

——记青海省都兰县热水乡畜牧兽医站郭正朴

经历成长与成熟，经历收获与赞誉，郭正朴这位来自青海省都兰县热水乡畜牧兽医站的高级兽医师，始终以一名基层专技人员的职守、以一名共产党员的情怀，把奋进的根须扎在海拔三千米之上的高原，把苦与累当作跋涉人生的甘露，在平凡的工作一线持续散发光与热。

“我们牧民都把郭曼巴当成自己人，他不仅在牛羊养殖方面帮助大家解决困难，有时也帮我们理理账目，购买生活物资。”30 年来，坚持沉到都兰县乡村一线开展工作，郭正朴做到了真正和群众同吃同住同劳动，和他们打成一片，足迹踏遍了热水乡的山山水水，掌握了来自最基层的第一手资料，为切实开展农牧技术研究推广等工作打下了基础。

长期的工作中，郭正朴养成了先深入各个村社对牲畜存栏数、疫情监测、农牧民需求进行摸底，然后进行工作安排部署的习惯。在年初签订目标责任书时，他总是身先士卒承包防疫难度最大的村社，并亲自注苗及督促其他防疫员，每年免疫牲畜平均在 30 万头（只），保证防疫密度达到 100％。

因热水乡山大沟深，点多面广，交通工具缺乏，郭正朴常常骑着自己的摩托车，有时徒步几十公里，送医送药上门为牧民群众服务，赢得了领导和农牧民的称赞与信任。作为一名兽医技术人员，为了保证病畜能及时得到治疗，他坚持做到了随叫随到，不分昼夜为农牧民的牲畜看病治病。同时，30 年来，除了本职工作以外，还协助乡政府做好合作医疗等工作，多次受到省、州、县、乡的奖励。

风雨兼程彰显为民真情，正因这般心之所向，郭正朴把工作的根须扎到了最基层，一路前行乐观无畏。

“郭站长，现在实行草畜平衡，夏季草场一部分又禁牧了，不让多养牛羊，我们以后该咋办?”“阿吾小郭，我想搞牛羊育肥，没有经验，你能不能帮帮我?”“郭曼巴，我的羊拉肚子，有个羊卧地不起，你赶紧过来看看。”……这样的电话几乎每分钟打进郭正朴的手机。30 年转眼而过，曾经的小郭已经年满 50 岁成了行业的中坚力量，然而变化的是时间和年龄，不变的是一如既往在高原深处播撒科技火种的热情和志向。

以前因疫苗收费，加之出现过敏反应，老百姓不愿意搞防疫，郭正朴就挨家挨户做动员工作，讲解防疫的好处，面对一时缺钱的牧民，郭正朴先掏钱垫上，搞完防疫再收，但是有许多防疫费一直收不上，短短几年他垫进去的防疫费有数万元。这时又有不少人说他犯傻，可郭正朴说：“只要牧民的牲畜不发病，值得。”润物细无声，在他的带领下，现在热水乡牧民由被动防疫变为主动防疫，牲畜免疫率达到 100％，一直未发生过重大动物疫病。

在农技推广工作中，郭正朴被推举为“都兰县全国基层农技推广体系建设”的首席专家，他积极联系基地，细致开展农技推广指导工作，通过示范户的培育辐射带动更多的农牧户接受新技术，现在许多新品种、新技术推广到了全县，取得了良好的效果。

守正笃实，久久为功。30年的时光与牛羊为伍，郭正朴始终坚持研究动物疫病防治，有的放矢进行动物防疫检疫，兢兢业业开展农技宣传推广，撰写的35篇科技论文发表于全国中文核心期刊和省级期刊，先后获得4项专利、省级科技成果5项。特别是他负责开展的“柴达木马标准”“放牧羊鼻蝇蛆病的防治及分子生物学研究”等项目获得了省级成果，取得了良好的社会效益和经济效益，为兽医科学研究、农业技术推广、生产实践提供了较为准确的科学依据，同时为当地畜牧业发展作出了贡献。

给牧民宣传讲解高效养殖技术

为牛检查疾病，查看眼结膜

为养殖户的牛进行直肠检查，诊断胃肠阻塞疾病

给牧民宣传高效养殖技术

第七篇

农技推广重大政策

农业农村部办公厅关于做好2021年基层农技推广体系改革与建设任务实施工作的通知

根据农业农村部、财政部关于做好2021年农业生产发展等项目实施工作的通知要求，2021年中央财政将继续通过农业生产发展资金对基层农技推广体系改革与建设工作给予支持，为指导各地做好相关任务实施，确保政策有效落实，提高资金使用效益，现就做好2021年基层农技推广体系改革与建设任务实施有关事项通知如下。

一、总体思路

以习近平新时代中国特色社会主义思想为指导，全面贯彻落实党的十九届五中全会、中央农村工作会议和全国农业农村厅局长会议精神，围绕确保国家粮食安全和重要农副产品有效供给，推动脱贫地区与乡村振兴有效衔接等重点工作，坚持以农技推广体系改革建设为主线，以先进适用技术示范样板为载体，以提升农技推广服务效能为目标，强化公益性农技推广机构主责履行，推动农业科技社会化服务发展，加快信息化服务手段普及应用，构建“一主多元”农技推广体系，强化农技推广服务的公益性、专业化、社会化、市场化属性，为全面推进乡村振兴、加快农业农村现代化提供科技支撑和人才保障。

二、实施原则

——坚持统筹兼顾。在保障基本“全覆盖”的基础上，重点支持实施意愿强、任务完成效果好的农业县（市、区），适度向脱贫地区倾斜。

——坚持注重实效。在完成数量指标任务的基础上，重点关注项目实施地区任务组织落实的质量和助力产业发展的成效。

——坚持创新引领。鼓励各地在深化基层农技推广体系改革、激发农技推广活力和推进农业科技社会化服务等方面主动开展探索。

三、年度目标

农技推广体系不断健全，服务能力不断提升，选树一批星级基层农技推广机构和农业科技社会化服务组织典型。建设5 000个以上农业科技示范展示基地，推广1万项（次）以上的农业主推技术，全国农业主推技术到位率超过95%。对全国1/3以上在编在岗基层农技人员进行知识更新培训，培育1万名以上业务精通、服务优良的农技推广骨干人才，招募1万名以上特聘农技员（防疫员）。

四、重点任务

（一）提升基层农技推广机构履职能力。组织各级国家农技推广机构找准职能定位，围绕关键适用技术试验示范、动植物疫病监测防控、农产品质量安全技术服务、农业防灾减灾、农业农村生态环境保护等，履行好公益性服务职责。推动基层推广机构改善条件、完善手段、提升能力，保证综合设置的乡镇农业服务中心等机构有专门岗位和专门人员履职尽责。支持县级农业农村部门及推广机构加强对乡镇农技推广机构和人员的指导管理和统筹安排，探索农技人员“县管乡用、下沉到村”的工作机制。发挥好基层农技推广机构对经营性农技服务活动的有效引导和必要管理作用。遴选推介一批星级基层农技推广机构。

（二）大力发展农业科技社会化服务。支持农业科技服务公司、专业服务组织及科技服务能力较强的农民合作社、家庭农场等社会化服务力量作为农业科技示范主体，开展多种形式的农业科技服务。通过公开招标、定向委托等方式搭建社会化科技服务平台，构建“产学研推用”利益联结机制。遴选推介一批技术水平高、服务效果好的科技社会化服务组织，发挥典型示范和引领带动作用。支持各地建设星级农业科技社会化服务组织，加强社会化服务组织规范化管理。引导农业科研院校发挥人才、成果、平台等优势，通过院地合作、校地合作等方式开展农业技术服务，加快农业科技成果转化落地。

（三）打造农业科技示范展示平台。按照技术示范到位、农民培训到位、产业引领到位的要求，支持国家现代农业科技示范展示基地建设。聚焦县域农业优势特色产业，遴选建设一批农业科技示范展示基地，按照标准统一竖立“全国基层农技推广体系改革建设补助项目农业科技示范基地”标牌，组织开展先进适用技术试验示范。以各类基地为平台示范推广重大引领性技术和农业主推技术，开展农技人员现场实训，组织示范主体观摩学习，为周边农户提供技术指导和培训服务。

（四）加强先进适用技术示范推广。支持山西、内蒙古、吉林、黑龙江、江苏、浙江、江西、湖北、广西、重庆、四川、青海等12个省份承担农业重大技术协同推广任务。组织各项目县完善主推技术遴选发布制度，重点围绕稳粮增产、地力提升、土壤改良等需求，遴选一批先进适用技术，组建技术指导团队，落实示范任务，开展观摩培训活动，构建“专家＋农技人员＋示范基地＋示范主体＋辐射带动户”的链式推广服务模式，加快先进技术进村入户到田。强化脱贫地区农业技术供给，加大良种良法良机推广力度，推行农技人员包村联户服务机制，将农技服务与当地特色产业紧密衔接，促进产业提档升级。

（五）提升基层农技推广队伍素质能力。省级农业农村部门在培训规划制定、课程模块设置和师资库建设等方面加强组织管理，将产业技术体系专家、特聘农技员代表等纳入师资队伍，遴选一批优质培训机构和农技推广骨干人才，统一组织脱产培训。项目县组织基层农技人员通过脱产培训、脱产进修、在职研修等方式提升业务能力。支持农技推广体系与国家农业信贷担保体系等金融机构合作，强化金融知识培训，提升融资服务能力。支持有条件地区通过“定向招生、定向培养、定向就业”的培养方式，吸引具有较高素质和专业水平的青年人才进入基层农技推广队伍。完善农技人员绩效评价机制，推动收入分配与绩效评价结果紧密挂钩。

（六）加大农技推广服务特聘计划实施力度。进一步扩大特聘计划实施范围，支持各地围绕优势特色产业发展需求从农业乡土专家、新型农业经营主体技术骨干、种养能手中招募特聘农技员，开展产业技术指导服务。继续在生猪大县、牛羊大县招募特聘防疫员。制定完善实施办法，规范服务协议或服务合同，明确服务内容和考核标准。通过信息平台加强对特聘农技员（防疫员）的动态管理和服务。

（七）加快农技推广服务信息化步伐。鼓励广大农技人员和专家通过手机 App、微信、短视频、直播平台等方式，在线开展业务培训、问题解答、咨询指导、互动交流、技术普及等农技服务。加强中国农技推广信息平台建设，优化服务功能，简化操作流程，扩大用户数量，提高平台的认知度和使用率。突出信息平台在服务决策、服务管理、服务基层中的作用，引导承担项目任务的专家、特聘农技员、服务主体等对项目年度任务实施情况进行全程线上动态展示。引导广大农技人员和农民充分利用春耕备耕、脱贫地区特色产业技术等专题板块指导农业生产。

五、有关要求

（一）加强组织实施。各地农业农村部门要充分认识实施好农技推广体系改革与建设任务的重要意义，围绕 2021 年的总体思路和重点任务，结合地方实际制定针对性强、操作性好的实施方案。进一步健全工作组织协调机制，推动政策衔接配套，实现上下协同联动。充分发挥省级农技推广机构作用，激发各级推广机构活力。分行业组织实施的省份要加强内部沟通协调，明确职责任务，形成工作合力。定期开展情况调度，掌握执行进度，及时协调解决存在的问题和困难。

（二）加强绩效考评。依托中国农技推广信息服务平台，构建全过程一体化、线上线下联动逐级负责的绩效管理机制。以农技推广服务实效、服务对象满意度等为核心，通过集中交流、在线考评、实地核查、交叉考评等方式开展全过程全覆盖绩效考评。2021 年绩效考评结果继续与粮食安全省长责任制“主推技术到位率”指标、农业农村部年度评优及下年度预算安排等挂钩。

（三）加强交流宣传。各地在任务组织实施中，要充分挖掘有效做法和成功经验，总结可复制、可推广的典型模式，通过现场观摩、典型交流等方式和网络、报纸、电视等渠道进行推介宣传。注重选树典型，对在保障农业生产、带动产业发展中涌现的典型农技人员和事迹等进行宣传，营造全社会共同关注支持农技推广工作的良好氛围。

农业农村部办公厅
2021 年 4 月 21 日

全国水产技术推广总站“全国水产技术推广体系能力提升年”指导意见

为贯彻落实《中共中央、国务院关于全面推进乡村振兴加快农业农村现代化的意见》和《中共中央办公厅、国务院办公厅关于加快推进乡村人才振兴的意见》精神，围绕“十四五”农业农村工作“保供固安全，振兴畅循环”的定位，着力造就一支符合“一懂两爱”要求的高素质水产技术推广人才队伍，打造一个适应渔业现代化发展要求的新型水产技术推广体系运行机制，提升体系服务乡村振兴战略和渔业现代化发展的能力，全国水产技术推广总站决定，2021 年为“全国水产技术推广体系能力提升年”，并提出以下意见。

一、总体要求

（一）指导思想。以习近平新时代中国特色社会主义思想为指导，全面贯彻新发展理念，深入贯彻落实党的十九大和十九届二中、三中、四中、五中全会及中央农村工作会议、全国农业农村厅局长会议精神，围绕全面推进乡村振兴、服务渔业绿色高质量发展，建立健全具有水产技术推广特色的人才培养机制和体系运行机制，构建一个充满活力、协同高效的全国水产技术推广新发展格局。

（二）目标任务。到 2021 年底，人才队伍知识结构持续优化，推广人员能力提升新机制基本形成；体系治理和创新能力稳步提升，服务乡村振兴和渔业现代化建设的组织保障及人才支撑能力得到进一步加强。

（三）工作原则。

——坚持围绕主业。以实施“五大行动”为抓手，着力推进水产绿色健康养殖，促进渔业绿色高质量发展，为保供固安全发挥体系支撑作用。

——坚持创新引领。大力提升体系集成创新能力，跟踪科技前沿，推动前瞻性引领性技术集成、模式创新和示范应用，为渔业转型升级提供新动能。

——坚持服务理念。坚持以人民为中心的发展思想，深入基层、深入塘口，多渠道倾听渔民群众的困难、企盼，切实解决反映强烈的问题，脚踏实地工作，推动推广事业发展。

——坚持目标导向。以实现渔业绿色高质量发展为目标，紧扣渔业发展需要，提升体系运行效率，打造全产业链技术服务模式，积极推动渔业一二三产业融合发展，助力渔业强、渔村美、渔民富。

二、强化技能大赛品牌建设，选拔一批领军人才

（四）举办一届职业技能大赛。以第四届全国农业行业职业技能大赛（水产项目职业：水

生物病害防治员）为抓手，在体系内开展“万人大练兵千人大比武”活动，为人才脱颖而出搭建平台。要重视各级预赛工作，切实抓好本区域练兵比武活动，在全体系内掀起一个学技术、练技能的热潮。通过大赛选拔一批领军人才，建立领军人才库。结合大赛培育一批既有理论知识又有实际操作能力的“双师型”推广人才，着力提高技术推广人员解决实际问题的能力。

（五）创办一批创新工作室。要主动加强与当地工会和人社部门联系，延伸技能大赛价值链，支持近年来通过大赛涌现出的各级劳动模范、“五一劳动奖章”和技术能手获得者，创办一批以“劳模”和“技能大师”命名的创新工作室，争取成熟一个创办一个。以技术创新、管理创新、服务创新和制度创新为主要内容，把准工作室自身定位，更好地发挥工作室带团队、促创新、出成绩、育人才作用。

三、强化推广人员素质能力提升机制建设，培养一批服务全产业链的人才

（六）建立一个推广人员能力提升长效机制。依托基层农技推广体系改革与建设补助项目，建立健全推广人员知识更新和长效培训机制。建立推广人员继续教育学时备案制度，实施推广人员学历提升计划，大规模开展推广人员知识更新培训。完善分级分类培训机制，提高培训的针对性、精准性和时效性，不断优化推广人员知识结构。

（七）培养一批服务渔业全产业链的人才。从服务乡村振兴战略和产业发展的需要出发，通过异地研修、集中办班、现场实训和网络课程等多种方式，使不少于 1/3 的推广人员参与轮训。建立骨干人才库，全国总站和各地水产技术推广部门应组织一次以上的骨干人才异地培训活动。持续加大跨学科、跨行业的人才培养，培育一批服务渔业设施化、工程化、信息化、市场化发展的复合型推广人才，提升体系全产业链服务能力。

（八）选好一批推广人员培训基地。各省要在教学、科研、师资等基础设施条件好而且愿意承担推广人员培训工作的机构中遴选 1～2 个推广人员培训基地，推动推广人员技能水平提升。鼓励培训基地承接推广人员异地培训工作，形成全国水产技术推广人才培养一盘棋格局。

四、强化服务乡村人才振兴能力建设，选拔一批“能说、能写、能干”的师资力量

（九）培养一批乡村人才。落实推广法赋予的公益性职责，采用传统与现代网络等多种形式，大力开展高素质渔民和渔业技能人才培养工作，服务乡村人才振兴。结合工作安排，按需施策、因地制宜地组织开展面向渔业适度规模经营者和散户等不同群体的全产业链培训，提升从业者素质，培养一批一二三产业融合发展的乡村人才。加大转产转业渔民的培训力度。

（十）选拔一批服务乡村人才振兴的师资力量。积极组织开展服务乡村人才振兴的高质量师资队伍培育工作，选拔培养一批“能说、能写、能干”的推广人员参与乡村人才振兴培训工作，为高素质渔民培养和渔业技能人才培训提供基础支撑。

五、强化体系治理能力提升建设，打造一个充满活力的体系运行机制

（十一）培养一批引领创新的基层推广机构负责人。着眼于推广体制机制改革，按照政治强、作风硬、业务精的要求，加强基层推广机构负责人管理能力及创新能力培训，大力培养一批懂管理、善总结、勇开拓的基层推广机构负责人，全面提升基层推广机构治理能力及创新能力。

（十二）健全一套体系信息化管理系统。依托“中国农技推广信息服务平台”和“智能渔技”综合信息服务平台，推进水产技术推广信息化管理工作步伐，搭建一套融服务渔民、项目管理、技术展示、远程诊断、信息上报、人员管理等为一体的全体推广人员参与的信息化综合管理系统，全面提升体系信息化管理水平。

（十三）打造一个充满活力的体系运行机制。加强对基层推广机构体制机制创新工作的指导，推进基层推广机构治理体系创新，全面推行技术推广责任制，建立健全配套的评聘制度，探索实际贡献与收入分配相匹配的内部激励新机制，打造一个充满活力的体系运行机制，吸引更多人才加入体系中来。强化示范引领作用，遴选50个群众满意、运行高效、充满活力、引领创新的基层星级推广机构，推动体系健康有序发展。

六、有关要求

（十四）提高认识，认真履职尽责。开展“全国水产技术推广体系能力提升年”行动是2021年体系建设的一项重要工作。各有关单位要提高站位，结合自身职能职责做好相关工作，进一步抓好总体部署，落实各项任务，确保行动顺利推进，出实效出经验。

（十五）统筹推进，积极创先争优。要把各项业务工作和“全国水产技术推广体系能力提升年”行动结合起来，做好统筹融合，做到相互促进、有序推进。要在行动中充分发挥带头示范作用，力争在体系内形成比学赶超、创先争优的良好氛围。

（十六）强化宣传，提升行动影响力。要高度重视宣传工作，在抓好各项工作的同时，及时报道工作动态，总结行动经验，宣传先进典型，营造良好的舆论氛围，确保行动推进有声有色。要探求水产技术推广工作实际中可复制、可推广的能力提升案例，加以总结并宣传推广，注重打造特色亮点，提升行动影响力。

黑龙江省人民政府办公厅关于加快农业科技创新推广的实施意见

为贯彻习近平总书记“给农业现代化插上科技的翅膀”重要指示精神，深入落实中央农村工作会议、省委十二届八次全会和省委经济工作会议精神，强化科技力量支撑，实施“藏粮于地、藏粮于技”战略，推进农业现代化，经省政府同意，现结合我省实际提出如下实施意见。

一、指导思想

以习近平总书记重要讲话重要指示批示精神为指引，坚持科技自立自强，坚持战略性需求导向，实施好关键核心技术攻关工程，在优势领域精耕细作，搞出更多独门绝技，为争当农业现代化建设排头兵插上“科技翅膀”。

二、主要目标

到 2025 年，努力把我省打造成全国现代化大农业科技创新高地、农业科技人才培养高地、数字农业发展先导区、现代化大农业发展样板区，实现以农业标准化、规模化、绿色化、数字化、园区化、融合化为特征的农业现代化，争当全国农业现代化建设排头兵。全省农业科技进步贡献率达到 71.8%以上。

三、基本原则

（一）坚持目标导向。统筹推进补齐短板和锻造长板，针对产业薄弱环节，努力解决一批卡脖子科技难关。

（二）坚持自主创新。坚持原始创新、集成创新和引进消化吸收再创新，努力实现更多“从 0 到 1”的突破，推动科技创新领跑现代农业发展。

（三）坚持产学研合作。加强科技资源优配，强化以企业为主体、市场为导向、产学研深度融合的联合攻关。

（四）坚持协同推广。坚持公益性与经营性融合、专项服务与综合服务结合，构建开放竞争、多元互补、协同高效的农技推广社会化服务体系。

（五）坚持人才保障。加快科技强农人才培养，强化重点学科带头人建设，建强涉农专业创新团队，完善人才激励机制。

四、聚焦实施“三大提升工程”

（一）深入实施现代种业提升工程。种业是农业的“芯片”，推动种业革命向“常规育种＋生物技术”变革，合力推进种源卡脖子技术攻关，打好种业翻身仗。到2025年，农作物自主选育品种种植面积占比92%以上，主要畜禽核心种源自给率达到80%，良种对粮食增产、畜牧业发展贡献率分别达到50%和45%。

1. 加速扩建寒地农业种质资源库项目。支持省农科院寒地作物种质资源库改扩建，建成在全国有影响力的面向全省涉农科研院所、高校、种子企业开放的公益性、现代化、标准化国家寒地种质资源库。2021年保存数量扩到7万份，2025年保存数量扩到15万份，预留容量15万份。（省农业农村厅）

2. 积极推进优质良种繁育攻关项目。在14个领域，分领跑、并跑、跟跑三个层面，与国际国内种业对标，整合省内外优势科研力量及骨干企业组建攻关团队，培育突破性、源头性新品种。（省农业农村厅、省科技厅）

（1）支持领跑领域联合攻关。力争在粳稻、马铃薯育种上领跑国际水平。

粳稻育种。依托省农科院、东北农业大学、省农垦科学院、黑龙江八一农垦大学，组建4个积温带和1个垦区共5支联合攻关团队。到2025年，选育新品种30个以上。

马铃薯育种。依托省农科院、东北农业大学和黑龙江八一农垦大学，组建淀粉、高端鲜食、食品加工及全粉品种等3支联合攻关团队。到2025年，选育优质高产、多抗广适专用新品种10个以上，自育品种占有率提升到80%。

（2）支持并跑领域联合攻关。力争在玉米、大豆、工业大麻、蔬菜和水产育种上与国际水平并跑。

玉米育种。依托省农科院、东北农业大学等单位，组建早熟区、中熟区、晚熟区、专用4支联合攻关团队。到2025年，培育新品种100个以上，自育品种占有率提高到80%。

大豆育种。依托省农科院、东北农业大学和省农垦科学院，成立东部、南部、西部、北部、中部不同生态区5支联合攻关团队。到2025年，选育新品种40个，自主选育品种占有率稳定在100%。

工业大麻育种。依托省农科院和省科学院，组建花叶用、纤维用、油用和蛋白用4支攻关团队。到2025年，选育具有国内领先水平的品种21个以上。

蔬菜育种。依托省农科院、东北农业大学、黑龙江大学等单位，组建西甜瓜、黄瓜、辣椒、南瓜、番茄、大白菜、油豆角、茄子8支攻关团队。到2025年，培育新品种25个以上，自主选育品种占有率提高到50%。

水产育种。依托中国水产科学研究院黑龙江水产研究所和东北农业大学，突出鲤科鱼类、冷水性鱼类、特色名优鱼类等选育。到2025年，培育优质水产新品种（系）5个以上。

（3）支持跟跑领域联合攻关。力争在“两牛一猪一禽”、杂粮杂豆、中药材、特色育种等领域，逐步缩小与国际国内水平差距。

奶牛育种。依托省畜牧总站和东北农业大学，成立2支攻关团队。到2025年，构建核心育种群40个，DHI（牛群改良计划）覆盖生产群的85%。

肉牛育种。依托东北农业大学和省农科院，成立高档肉牛和优质肉牛2支攻关团队。到2025年，建立核心育种场10个。

生猪育种。依托省农科院和东北农业大学，成立2支攻关团队。遴选10个核心育种场，培育新品种2～3个，育肥猪全程成活率等主要指标达到全国中上游水平。

禽类育种。依托省农科院、东北农业大学和黑龙江八一农垦大学，成立林甸鸡、快大白羽鸡和籽鹅3支攻关团队，培育新品种3个以上。

杂粮杂豆育种。依托黑龙江八一农垦大学和省农科院，成立2支攻关团队，选育新品种35个。

中药材育种。依托黑龙江中医药大学、省农科院、省中医药科学院、东北农业大学、哈尔滨师范大学，成立5支攻关团队，选育道地药材新品种25个，每年提升良种覆盖率10%。

特色育种。依托省农科院、省科学院、东北农业大学，成立食用菌、东北黑蜂、饲草饲料、特色浆果4支育种联合攻关团队。

3. 聚力建设育种基地。建设10个专家育种基地，建设黑龙江大豆区域性育制种基地，推动建设北方大豆研究中心。到2025年，建设区域性良种繁育基地16个以上。（省农业农村厅）

（二）深入实施黑土耕地保护利用提升工程。

1. 组建黑土保护利用研究院。以省农科院为依托，整合黑土科研资源，组建和优化黑土保护利用研究院机构设置，打造黑土科学研究基地、技术研发基地、成果转化基地和专业人才培养基地。（省科技厅、省委编办、省农科院）

2. 强化黑土耕地保护利用技术攻关和推广示范。强化工程、农艺、生物等“十大项目”综合技术攻关和推广示范，工程突出黑土地水土流失治理、白浆土全耕层改良培肥、酸化及盐碱化障碍消减等技术项目，农艺突出瘠薄黑土农田快速培肥、水肥资源高效利用、高肥力黑土保育等技术项目，生物突出种养农牧循环利用、黑土生物培肥关键技术、黑土耕地污染修复技术、秸秆机械化还田关键技术等技术项目。（省科技厅、省农业农村厅、省自然资源厅、省生态环境厅）

3. 示范推广黑土耕地保护利用“龙江模式”。在松嫩平原中东部和三江平原中厚黑土层区域，推广黑土保育模式；在松嫩平原和三江平原浅薄黑土层区域，推广黑土培育模式；在坡耕区域，推广坡耕地控蚀增肥模式；在西部风沙干旱区，推广保护性耕作模式；在水田区，推广水肥优化培肥模式。（省农业农村厅、省自然资源厅、省生态环境厅）

（三）实施农产品加工重大关键技术攻关提升工程。聚焦打造“粮头食尾”“农头工尾”，围绕构建农业强省“652”产业发展格局，开展各环节重大关键技术攻关。

1. 强化千亿级产业重大关键技术攻关支撑。

（1）稻米加工产业重大关键技术攻关。依托哈尔滨商业大学、省农科院，突破稻米改性淀粉、鲜食营养米饭、全谷物主食米、米糠灭酶稳定化处理等关键技术，深度开发谷维素、植酸等品种。（省科技厅）

（2）玉米加工产业重大关键技术攻关。依托齐齐哈尔大学、东北农业大学、省科学院，加强玉米蛋白、玉米纤维等资源化利用和高值化品种创制技术，氨基酸和酒精等功能性新型发酵技术等攻关。（省科技厅）

（3）大豆加工产业重大关键技术攻关。依托东北农业大学、省农科院和黑龙江八一农垦大学，突破大豆蛋白肉等口感和品质，推动大豆肽粉等新兴食品基料研发。（省科技厅）

（4）乳业加工产业重大关键技术攻关。依托东北农业大学，建立中国婴儿肠道宏基因组、代谢组学数据库，攻克乳基高值原料国产化技术瓶颈。（省科技厅）

（5）肉类加工产业重大关键技术攻关。依托东北农业大学和省农科院，开发健康、营养和方便肉制品，创制畜禽副产物高值化利用品种。（省科技厅）

（6）果蔬加工产业重大关键技术攻关。依托东北农业大学、省农科院，强化果蔬鲜切、保鲜等技术攻关，开发果蔬速冻食品、果蔬汁、冻干食品等品种。（省科技厅）

2. 强化百亿级重大关键技术攻关支撑。

（1）工业大麻加工产业重大关键技术攻关。依托省农科院和省科学院，强化大麻二酚、工业大麻蛋白的高效纯化、籽叶花深度开发。（省科技厅）

（2）食用菌加工产业重大关键技术攻关。依托东北林业大学、省科学院和省农科院，研发复合菌饮品，突破滑子蘑等盐渍加工技术。（省科技厅）

（3）杂粮加工产业重大关键技术攻关。依托黑龙江八一农垦大学和东北农业大学，开发主食伴侣食品、代餐食品等高附加值品种。（省科技厅）

（4）中药材加工产业重大关键技术攻关。围绕中药饮片工艺提升、中成药新药研发、中药保健品强化技术攻关。（省科技厅、省农业农村厅、省中医药管理局、省药品监督管理局）

（5）渔业加工产业重大关键技术攻关。依托东北农业大学，强化特色风味食品、罐头食品等研制。（省科技厅）

3. 强化马铃薯加工产业重大关键技术攻关支撑。

支持哈尔滨商业大学、东北农业大学和省农科院，以马铃薯全粉、鲜薯泥为原料，突破马铃薯主食工业化加工、休闲食品加工中不利储运、易回生、易褐变、难成型等关键技术。（省科技厅）

五、突出抓好“七项重点突破”

（一）在科研平台建设上突破。对新认定的涉农国家实验室，给予 1 000 万元的奖补。对其他新认定的国家和部委等涉农创新基地，根据实际情况给予一定补助。加强省级涉农科技创新基地动态管理，对符合条件的省级企业涉农科技创新基地按照绩效给予后补助支持。加强与重要院校战略合作，成立省农业科技创新联盟，对联盟给予支持。（省科技厅、省农业农村厅、省发改委、省生态环境厅、北大荒农垦集团）

（二）在发展数字农业上突破。推广种植业、畜牧业等领域数字化应用，加快黑土地保护、农机作业和农业金融数字化进程。谋划涵盖建三江地区和 10 个县（市、区）的“1＋10”数字农业县（市、区）先导示范工程，建成国家数字农业先导区。（省农业农村厅、省科技厅、北大荒农垦集团）

（三）在农机装备自主创新上突破。聚焦大宗粮食作物全程机械化，开展精密播种、精量变量施肥施药施水装备攻关，工业大麻、园艺作物、道地药材种植收获装备攻关，奶牛智慧养殖、畜禽粪污处理等装备研究。（省科技厅、省农业农村厅）

（四）在高效设施农业上突破。重点发展设施园艺、设施畜牧等装备与技术，建设设施标准化示范园 300 个，设施面积 150 万亩以上。（省农业农村厅）

（五）在动物疫情防控技术创新上突破。由哈兽研牵头，建设动物疫病防控科技创新及产业化研究平台，在重大动物疫病防控所需疫苗和诊断等产品研发上实现突破，高致病性传染病不大面积发生，畜禽疫病发生率降低10%以上。（省科技厅、省农业农村厅）

（六）在农业科技推广体系改革与建设上突破。建设现代农业产业技术协同创新体系，建设省级高标准现代农业科技园和现代农业科技示范基地，稳定支持70个县（市、区）开展基层农技推广体系改革与建设，每年推广模式化栽培技术1.97亿亩次。农业主推技术到位率稳定在100%。（省农业农村厅、省财政厅）

（七）在高素质农民培育上突破。以新型经营主体带头人、返乡入乡创业者、乡村振兴带头人、乡村治理及社会事业发展带头人等为重点对象，开展全产业链培育。创建国家涉农人才培养优质院校。推动高素质农民制度建设。建成20万人的高素质农民队伍。（省农业农村厅、省财政厅）

六、强化“五项保障措施”

（一）建立“揭榜挂帅”制度。坚持揭榜挂帅，对重大攻关任务，发布“榜单”，明确需求目标、时间节点、考核要求和奖惩措施。

（二）强化组织推进。建立省级联席会议制度，省政府分管领导为召集人，科技、教育、人社、农业农村、财政、涉农院校等为成员单位，统筹确定年度目标任务、资金分配、攻关课题。

（三）加大政策扶持。通过现有各类涉农和产业扶持资金统筹支持科技创新和推广。依托省现代农业基金，引导社会资本投入。落实成果转化分配激励政策，落实水、电、费、税等优惠政策。对作出突出贡献科技人员，按照规定予以奖励。

（四）突出人才保障。加强农业科技领军人才培养和“头雁团队”建设，强化省级及以上重点学科带头人和省级领军人才梯队建设，支持涉农领域“双一流”学科群建设，探索涉农科研院校高层次人才效益年薪制。

（五）加强宣传引导。设立省农业科技创新公众号，选树影响龙江农业科技创新的优秀人物。

黑龙江省人民政府办公厅

2021年7月22日

宁夏回族自治区科技厅、农业农村厅、教育厅等7部门关于加强农业科技社会化服务体系建设的实施意见

农业科技社会化服务体系是为农业发展提供科技服务的各类主体构成的网络与组织系统，是农业科技创新体系和农业社会化服务体系的重要内容。为贯彻落实科技部、农业农村部、教育部、财政部、人力资源和社会保障部、银保监会和中华全国供销合作总社《关于加强农业科技社会化服务体系建设的若干意见》（国科发农〔2020〕192号）精神，进一步加强我区农业科技社会化服务体系建设，提高农业科技服务效能，引领和支撑农业高质量发展，加快推进农业农村现代化，提出如下实施意见。

一、总体要求

（一）指导思想。坚持以习近平新时代中国特色社会主义思想为指导，深入贯彻党的十九大和十九届二中、三中、四中、五中全会精神，坚决贯彻习近平总书记视察宁夏重要讲话精神，认真落实自治区党委第十二届十二次全会精神，深入实施创新驱动发展战略和乡村振兴战略，以增加农业科技服务有效供给、加强供需对接能力为着力点，以提高农业科技服务效能为目标，坚持厘清职能、激发活力、开放协同、注重实效的原则，加快构建以农技推广机构、高校、科研院所和企业等市场化社会化科技服务力量为依托，政府引导和市场运作相结合、公益性与经营性相协调、专项服务与综合服务相统筹的农业科技社会化服务体系，促进产学研用服深度融合，为深化农业供给侧结构性改革，推进农业特色产业高质量发展和农业农村现代化，全面推进乡村振兴提供有力支撑。

（二）基本原则。

明确定位，加强指导。充分发挥市场在农业科技服务资源配置中的决定性作用，更好发挥政府统筹资源、政策保障等作用。以需求为导向，加强分类指导，明确农技推广机构、高校、科研院所、行业协会和企业等不同主体在农业科技社会化服务中的功能和定位。

改革创新，激发活力。深化“放管服”改革，将先进技术、资金、人才等创新要素导入农业现代化全链条各环节，推动要素聚集和服务方式创新。完善激励和支持政策，充分调动各类科技服务主体的积极性，不断激发农业科技服务活力，壮大农业科技服务业。

培育主体，开放协同。突出五大农业特色产业，保障粮食安全、重要农产品的有效供给和加强农业生态安全，聚焦农业产前、产中、产后和一二三产业融合发展需求，坚持公益性服务与经营性服务融合发展、专项服务与综合服务相结合，培育市场化社会化科技服务主体。充分发挥不同科技服务主体的特色和优势，加强相互协作与融通，构建开放协同高效的现代社会化服务网

络。服务基层，注重实效。深入推行科技特派员制度，坚持人才下沉、科技下乡、服务三农，发挥县域综合集成农业科技服务资源和力量作用，引导各类科技服务主体深入农村开展创新创业，把先进适用技术送到生产一线，加速科技成果在农村基层的转移转化，着力解决农村生产经营中的现实科技难题。

二、聚焦公益性服务主责，推进农技推广机构服务创新

（一）加强农技推广机构能力建设。聚焦公益性服务主责，推进农技推广机构服务创新，进一步加强农技推广机构建设，优化农技推广机构布局，落实专业技术岗位设置比例，强化农业技术服务功能，实现有机构、有人员、有职责、有基地、有示范主体。加强绿色增产、生态环保、质量安全等领域重大关键技术示范推广，提升支撑打造五大农业特色产业、保障粮食安全、防范应对重大疫情和病虫害、突发自然灾害等公共服务能力。（牵头部门：自治区农业农村厅，完成时限：2022 年）

（二）提升基层农技推广机构服务水平。实施农业科技人员素质提升计划，支持基层农技推广人员通过脱产进修、在职研修等方式进行学历提升和知识更新，依托各类农业科技学习平台载体，采取线上线下等方式，开展农业新品种、新技术、新装备、新模式等方面的技能培训。深入实施农技推广特聘计划，不断加强队伍建设。充分发挥基层农技推广机构对经营性农技服务活动的有效引导和必要管理作用，鼓励为小农户和新型农业经营主体提供全程化、精准化和个性化科技服务。（牵头部门：自治区农业农村厅，完成时限：2022 年）

（三）创新农技推广机构管理机制。全面推行基层农技推广责任制度，人岗合一落实职能职责刚性任务指标，人岗兼职落实社会化服务柔性指标。建立综合考评制度，按年度综合衡量以本职工作目标任务完成情况和服务对象满意度为主要指标的绩效情况。建立内部激励机制，使农技人员实际收入与贡献相匹配，鼓励农业科技人员在履行好岗位职责前提下，为家庭农场、农民专业合作社、农业企业等提供技术增值服务并合理取酬。（牵头部门：自治区农业农村厅，完成时限：2022 年）

三、聚焦农业科技成果转化，强化高校与科研院所服务功能

（四）充分释放高校与科研院所农业科技服务动能。完善高校和科研院所农业科技服务考核机制，破除“唯论文、唯职称、唯学历、唯奖项”的评价标准，将服务三农和科技成果转移转化的成效作为评估评价和项目资助的重要依据。鼓励引导高校和科研院所设置一定比例的推广教授和研究员岗位，将科技人员从事农业技术推广工作的实绩作为工作考核和职称评聘的重要内容。建立健全高校和科研院所科技成果转移转化机制，加强对成果转化的管理、组织和协调。（牵头部门：自治区科技厅、自治区教育厅、自治区农业农村厅、自治区人力资源和社会保障厅，完成时限：2022 年）

（五）鼓励和支持高校、科研院所创新农业科技服务方式。支持高校和科研院所建立科技成果转移转化机构。推行“揭榜挂帅”项目组织方式，建立企业技术需求库。支持高校、科研院所的科技人员通过转让、许可、作价投资等方式，与服务对象建立利益共享机制，进行科技成果转

移转化推广。（牵头部门：自治区科技厅、自治区教育厅、自治区农业农村厅，完成时限：2022年）

四、发挥市场配置资源的决定性作用，壮大社会化科技服务力量

（六）提升供销合作社科技服务能力。持续深化供销合作社综合改革，充分发挥供销合作社组织体系健全优势，加快“数字供销”建设，强化科技服务功能，拓展服务领域，着力打造现代农业综合服务平台，优化重要农资和农副产品供应服务。支持建立先进农业机械、机具、设备共享平台，发展“农资＋”技术服务推广模式，推动农资销售与技术服务有机结合。探索建立供销合作社联农带农评价机制，将农业科技服务作为衡量其为农服务能力的重要指标。（牵头部门：自治区供销合作社，完成时限：2022年）

（七）提升企业市场化科技服务能力。发挥农业领域高新技术企业、科技型中小企业等市场主体的引导作用，鼓励牵头组建各类产学研创新联合体，研发和承接转化先进、适用、绿色技术，引导企业根据自身特点与农户建立紧密的利益联结机制，探索并推广“技物结合”“技术托管”等创新服务模式。加大农业科技服务企业培育力度，建立和完善农业科技服务激励机制，支持科技特派员和新型农业经营主体等开展农业科技服务。（牵头部门：自治区科技厅、自治区农业农村厅，完成时限：2022年）

（八）提升新型农业经营主体科技服务能力。加强农民合作社、家庭农场、农村专业技术协会等新型农业经营主体从业人员技能培训，引导支持科技水平高的新型农业经营主体通过建立示范基地、“田间学校”等方式开展科技示范，提升科技服务能力。支持专业技术协会、学会及其他各类社会组织发挥自身优势，采取多种方式开展农业科技服务。（牵头部门：自治区科技厅、自治区农业农村厅，完成时限：2022年）

五、加强农业科技服务条件建设，提升综合集成能力

（九）加强县域科技服务统筹。各基层科技部门要围绕自治区农业重点产业发展科技需求，借助东西部科技合作机制和科技特派员制度，集中产学研科技力量，依托各类农业科技园区、现代农业示范园和农业科技型企业等，加速一批先进适用科技成果在县域转化应用，带动技术、人才、信息等创新要素向县域流动，提升我区县域科技创新能力。（牵头部门：自治区科技厅、自治区农业农村厅，完成时限：2022年）

（十）加强科技服务载体和平台建设。优化各类农业科技园区布局，建立和完善园区管理、监测和评价机制，将农业科技社会化服务成效作为重要考核指标。支持农业科技企业孵化器、“星创天地”建设，推动建立长效稳定支持机制。加快建设农业领域高水平新型研发机构，促进创新链与产业链深度融合。加强科技服务载体和平台的绩效评价，把绩效评价结果作为引导支持科技服务载体和平台建设的重要依据。（牵头部门：自治区科技厅、自治区农业农村厅，完成时限：2022年）

（十一）提升农业科技服务信息化水平。加强农业科技服务信息化建设，推动大数据、云计算、人工智能等新一代信息技术在农业科技服务中的示范应用，探索“互联网＋服务”新模式，

提高服务的精准化、智能化、网络化水平。加强信息技术技能培训，提升农户信息化应用能力和各类科技服务主体的服务水平。（牵头部门：自治区科技厅、自治区农业农村厅，完成时限：2025 年）

六、深入推行科技特派员制度，不断壮大农业科技服务力量

（十二）完善科技特派员服务体系。形成科技特派员科技服务与创新创业深度融合的激励、保障和管理机制更加健全的具有宁夏特色的较为完善的科技特派员制度体系。继续完善科技特派员选派制度，规范科技特派员分类管理，切实落实科技特派员政策措施。坚持合作双方自愿原则，鼓励和支持科技特派员面向农业特色产业、新型农业经营主体开展科技创新创业和服务，将创新的动能延伸到田间地头。从宁夏大学、宁夏农林科学院等区内有关高校、科研院所遴选乡村振兴科技指导员，面向 5 个国家乡村振兴重点帮扶县和 4 个自治区乡村振兴重点帮扶县的 100 个村进行“一对一”或组团式科技服务。选派科技特派员服务“一村一品”，巩固拓展脱贫攻坚成果，助力乡村振兴。（牵头部门：自治区科技厅、自治区农业农村厅，完成时限：2022 年）

（十三）优化科技特派员队伍。拓宽科技特派员的选派渠道和专业领域，大力支持涉农高校、科研院所、龙头骨干企业、科技中介机构的科技人员投身农业农村科技特派员工作。充分发挥东西部科技合作机制作用，按科技需求，吸纳区外优秀科技人员成为我区科技特派员，开展科技服务和创新创业。壮大法人科技特派员队伍，使服务由单一自然人向法人集群转变，推动科技成果转化和产业化。对公益服务、创新创业等不同类型、不同身份的科技特派员实行分类指导、加强培训，提升创新创业能力和服务水平。（牵头部门：自治区科技厅、自治区农业农村厅，完成时限：2022 年）

（十四）创新科技特派员服务机制。围绕农业全产业链开展服务，探索“托管式”“订单式”等综合性服务模式，提升服务的精准性。探索建立利益共享机制，鼓励科技特派员以技术、资金等方式入股，创办领办农业科技企业、农村专业技术协会、农民合作社等新型农业经营主体，形成科技人员和农民群众利益共享、风险共担机制。建立科学合理的评价机制，把服务实绩、服务效果和满意程度作为评价科技特派员工作的重要标准。（牵头部门：自治区科技厅、自治区农业农村厅，完成时限：2022 年）

七、整合资源，加强政策保障和组织实施

（十五）加强组织领导。加强党对农业科技社会化服务体系建设的领导，各级有关部门要在政策制定、工作部署、资金投入等方面加大支持力度。自治区科技厅、自治区农业农村厅要发挥牵头作用，建立协调工作机制统筹推进体系建设各项工作。有关部门要抓紧细化实化具体政策措施，密切协作配合，确保各项任务落实到位。建立农业科技社会化服务体系建设监督评价机制，组织开展督查评估。加强先进事迹、典型案例和成功经验的宣传，对作出突出贡献的单位和个人按照规定给予表彰，积极营造支持农业科技服务的良好氛围。（牵头部门：自治区科技厅、自治区农业农村厅及有关部门）

（十六）加强多元化经费投入。发挥财政资金的引导作用，将存量和新增资金向引领现代农

业发展方向的科技服务领域倾斜，鼓励引导社会资本支持农业科技社会化服务。充分发挥财政资金和财政政策的激励作用，通过科技创新券、成果转化奖补资金等措施，鼓励农业科技型企业购买科技服务。鼓励金融机构开展植物新品种权等知识产权质押融资业务、科技担保、保险等服务，在业务范围内加强对农业科技服务企业的中长期信贷支持，完善有关金融风险防控机制，防范化解金融风险。（牵头部门：自治区财政厅、宁夏银保监局、自治区科技厅、自治区农业农村厅按职责分工负责，完成时限：持续推进）

（十七）**加强科技创新供给**。加强对农业基础研究、应用基础研究、技术创新的顶层设计和一体化部署，加速成果转化，加速科技成果源头供给，形成系列“技术包”“成果包”。有效整合科技资源，完善协同创新机制，加强产学研、农科教紧密结合，支持各级各类科技服务主体开展农业重大技术集成熟化和示范推广，为我区优势特色现代农业高质量发展提供支撑。（牵头部门：自治区科技厅、自治区农业农村厅，完成时限：2022 年）

（十八）**加强人才队伍建设**。积极争取国家有关人才计划向我区倾斜，鼓励引导科技人才服务企业、服务生产一线，将论文写在大地上，鼓励更多专业对口的高校毕业生到基层从事专业技术服务。支持引导返乡下乡在乡人员进入各类园区、创业服务平台开展农业科技创新创业服务。加大对基层农业科技人员专业技术职称评聘的政策倾斜，壮大农业科技成果转化专业人才队伍。加强农业科技培训和农村科普，培养专业大户、科技示范户和乡土人才，提高农民科学文化素养。（牵头部门：自治区科技厅、自治区人力资源和社会保障厅、自治区农业农村厅、自治区供销合作社，完成时限：2022 年）

广西壮族自治区农业农村厅关于做好2021—2023年广西基层农技推广骨干人才遴选工作的通知

根据《农业农村部办公厅关于做好2021年基层农技推广体系改革与建设任务实施工作的通知》（农办科〔2021〕9号）要求，为进一步实施人才强农战略，提升科技服务能力，经研究，决定开展2021—2023年广西基层农技推广骨干人才遴选工作，现将有关事项通知如下：

一、遴选范围

全区县、乡两级种植、畜牧兽医、水产、农机行业履行公益性职责的在编在岗从事农技推广工作人员，每县不超过5名，由各县（市、区）农业农村局根据本地产业发展需要统筹确定各行业名额。

二、遴选条件

（一）热爱三农工作，具备良好的职业道德，严谨的工作作风。

（二）身体健康，能深入到生产一线从事技术服务工作。

（三）县、乡两级公益性技术推广机构在编且必须在农业农村局系统或农机系统技术岗位工作。

（四）县级种植、畜牧兽医、水产、农机推广机构人员应当具有副高级（含）以上农业系列、农经系列、工程（农机）系列专业技术职称，农机行业可适当放宽到中级（含）以上工程（农机）系列专业技术职称；乡级推广机构人员应当具有中级（含）以上农业系列、农经系列、工程（农机）系列专业技术职称。

（五）2023年12月31日前达到法定退休年龄的不予推荐。

三、职责任务

（一）带头学习贯彻中央和自治区、市、县关于农业农村工作的决策部署，服从各级农业农村部门安排的农技推广工作。

（二）参与制定本地本领域重大农业技术推广计划，组织实施并带头开展主导品种、主推技术的引进、试验、示范和推广，研究解决本地农业生产中的关键技术问题。

（三）开展本地农技人员、科技示范基地、示范主体的技术培训和咨询服务。

（四）与农业科研院所、高等院校专家对接，承接上游农业科技成果，反馈农业企业及农民的科技需求，并参与相关科技研发工作。

四、培养措施

（一）健全遴选培养机制，经自治区农业农村厅认定的广西基层农技推广骨干人才由自治区农业农村厅实行动态管理，进行重点联系和培养。

（二）承担《基层农技推广体系改革与建设补助项目》县（市、区）的农技推广骨干优先参加农业农村部或自治区农业农村厅统一组织的不少于5天的脱产业务培训，非项目县（市、区）根据实际情况安排培训。

（三）支持农技推广骨干人才进入农业科研院校、国家现代农业产业技术体系及广西创新团队岗站等进修深造，有针对性弥补能力短板和经验盲区，提升实操水平和专业技能。

五、管理机制

按照客观公正、重在激励的原则，科学制订管理方案，定期对农技推广骨干人员学习培训、农技推广团队建设、推广服务工作实绩等情况进行考评。实行动态管理制度，对于贯彻落实工作安排不坚决，履行职责不到位，推广服务工作业绩不突出，或有其他不良行为的人员，取消其相应资格；对于业务精良、业绩突出、群众满意的农技推广骨干，给予表扬和相关政策支持。

六、遴选程序

采取个人申请与组织审核认定相结合的方式遴选。

（一）个人申请：符合遴选条件的个人填写申请表（附件1）向所在单位提出申请。

（二）审定公示推荐：申请人所在单位审核后报县农业农村局审定公示并签署推荐意见，报市农业农村局汇总分类上报自治区农业农村厅有关单位。

（三）自治区认定并公布名单：自治区农业农村厅组织评审确定农技推广骨干名单，公示无异议后公布名单。

七、其他事项

（一）广西基层农技推广骨干人才遴选及培养工作由自治区农业农村厅科技教育处牵头，会同自治区农业技术推广站、自治区畜牧站、自治区水产技术推广站、自治区农机中心共同组织实施。

（二）公示期为5个工作日。

（三）请各县（市、区）农业农村局做好本区域四个行业的遴选工作，并于7月31日前将附件1、附件2、公示截图等材料报市农业农村局，各市农业农村局于8月10日前将附件1、全市分行业汇总表（电子版和扫描版）和县级公示截图等材料分别发送到如下邮箱，逾期不再受理。

自治区农业技术推广站：190213149@qq. com；

自治区畜牧站：gxxmtj@163. com；

自治区水产技术推广站：gxsczz2840297@163. com；

自治区农机中心：qzztgk@163. com。

（四）厅属有关推广机构负责汇总本行业名单，并于 8 月 20 日前报自治区农业农村厅科技教育处。

未尽事宜，请与如下人员联系：

自治区农业农村厅科技教育处：唐振华，联系电话：0771－5855268；

种植业：沈莹，联系电话：13607715546；

畜牧业：朱林，联系电话：18977094612；

水产：荣仕屿，联系电话：18878732076；

农机：刘腊银，联系电话：18776998733。

附件：1. 2021—2023 年广西基层农技推广骨干人才申请表（略）

2. 2021—2023 年广西基层农技推广骨干人才推荐人选汇总表（略）

广西壮族自治区农业农村厅
2021 年 7 月 7 日

上海市农业农村委员会关于2021年度上海市农业行业专业技术人才知识更新工作安排的通知

为贯彻落实《关于本市深入推进专业技术人才知识更新工程的实施细则》(沪人社专〔2016〕200号)等文件精神，切实加强农业行业专业技术人才队伍建设，进一步提高农业专技人才的整体素质和创新能力，根据《上海市人力资源和社会保障局关于2021年上海市专业技术人才知识更新工程项目计划的通知》(沪人社专〔2021〕179号)安排，现将2021年度上海市农业行业专业技术人才知识更新有关工作通知如下：

一、工作任务

围绕实施乡村振兴战略的总体目标，根据本市农业科学技术发展和农业专业技术人才队伍建设的实际需要，以高级研修培训、急需紧缺人才培养、基层专技人员培训和岗位培训等4个项目为重点，积极推进本市农业专业技术人员继续教育工作。

二、工作项目

(一)高级研修项目。按照高水平、小规模、有特色的原则，以取得副高级职称及以上的农业专业技术人员和中高级管理人员为重点，组织开展高级研修项目培训。一是组织参加国家级或市级的各类高级研修班，各相关单位要根据要求做好学员的选派工作。二是由行业条线专业部门牵头，举办5期高研班，共培训240人次。

(二)急需紧缺人才培养项目。根据本市农业行业技术岗位的实际需求，举办8期急需紧缺人才培养班，共培训900人次。

(三)基层专技人员培训项目。以更新技术知识、提升实践能力为主要内容，举办4期基层农业专业技术人员实用技能培训，共培训210人次。

(四)岗位培训项目。根据农业专业技术人员职业发展和工作需要，组织开展岗位培训。主要由各区农业农村委、各相关单位组织，共培训500人次。

三、工作要求

(一)加强组织领导。健全市农业农村委统筹协调，专业部门牵头组织，各区农业农村委、各相关单位推进实施的工作机制，加强项目合作及经验交流，分级分类做好知识更新工程项目的推进和落实工作。

（二）优化项目开发。培训项目实施单位要根据本条线农业专业技术人员的需求，在专业技术继续教育的课程内容、组织形式上不断探索创新。同时认真做好培训管理与考核工作，如实记载参训人员出勤情况，并将参训时间计入继续教育学时数。培训结束后还应及时对培训效果进行评估反馈。

（三）加大经费保障。市农业农村委专业部门、各区农业农村委、各相关单位要充分认识加强农业专业技术人员知识更新培训的重要意义，根据实际情况制定年度培训计划，在保证原有经费渠道的基础上，探索运用教育附加专项资金支持知识更新工程实施。

附件：2021 年上海市农业行业专业技术人才知识更新工程项目计划表（略）

上海市农业农村委员会

2021 年 6 月 29 日

浙江省农业农村厅等3部门关于开展2021年定向培养基层农技人员工作的通知

根据省政府办公厅《关于启动实施教育体制改革试点工作的通知》和《关于扎实推进基层农业公共服务中心建设进一步强化为农服务的意见》精神，经研究，决定2021年继续开展定向培养基层农技人员工作。现将有关事项通知如下：

一、培养目标

围绕新时代浙江三农工作“369”行动，按照德智体美劳全面发展的要求，培养具有良好思想品德和职业道德，能胜任基层农技推广岗位，下得去、留得住、用得上、受欢迎的基层农业公共服务本科层次的专业人才。

二、招生方式

定向培养实行招生与乡镇农技推广机构公开招聘工作人员并轨进行，按照“先填志愿，后签协议”的原则，按考生户籍以县（市、区）为单位实施定向招生（招聘）。

三、招生对象

全省范围内当年报考普通高校，有意向为基层农业农村事业服务，并与户籍所在县（市、区）农业农村部门签订定向就业协议的学生。

四、招生计划

2021年全省定向培养基层农技人员110名。定向培养招生计划由各地有关部门共同协商，经当地政府批准后确定。

五、承办高校

定向培养工作由浙江农林大学承担，主要培养纯农类专业学生。招生专业包括农学、植物保护、园艺、动物医学、食品质量与安全、农业资源与环境、农林经济管理等7个本科专业，全部安排在高校招生普通类提前录取，招生代码：0211。其中动物医学专业学制为五年，其他 6 个专业学制为四年。

六、招生（招聘）程序

各县（市、区）农业农村、人力社保部门应在高考成绩公布前，按照公开招聘规定和招生计划，发布定向培养招生（招聘）公告。

高考成绩在一段线上的考生在规定时间内按我省普通高校招生有关规定一并填报志愿。考生只能选择在第一院校志愿填报，否则志愿无效。专业志愿填报需符合招生院校定向招生专业的选考科目要求，如遇专业服从调剂也要符合选考科目要求。省教育考试院根据普通类专业的分段原则，分段提供体检名单、分段投档录取。提供名单时，省教育考试院根据志愿优先、高考总分从高到低（总分相同时按位次）的原则，按各县（市、区）招生计划 1∶1.2 比例，向招生院校提供名单。招生院校将相应名单分发至各县（市、区）农业农村部门。

各县（市、区）农业农村部门根据院校提供的名单组织考生体检，考生体检应当在县级以上综合性医院进行，并即时告知考生体检结果。考生如对体检结果有异议，应当即时提出复检要求，否则视作放弃复检。复检应尽快安排且只能进行一次，结果以复检结论为准。对体检合格考生，在符合专业选考科目的前提下，按志愿优先、高考成绩从高到低原则，根据招生计划数确定定向培养考生，并在本县（市、区）范围公示 3 天，公示无异议并征得当地人力社保部门同意后，按招生计划的 1∶1 比例与合格考生签订定向培养就业协议，并将签订协议考生名单报招生院校。如因考生放弃、户籍不符、体检不合格等造成计划缺额的，按缺额计划 1∶1 比例补充考生名单并执行相应程序直至计划满额或确无合格生源。

招生院校在录取工作开始前，将各县（市、区）报送的已签订协议考生名单报省教育考试院。省教育考试院按名单投档，由招生院校按有关规定录取。未列入各县（市、区）合格考生名单或者签订协议前未经公示的考生不得录取。最终录取的定向培养生名单，由招生院校抄送当地农业农村、人力社保部门备案。

各地可根据当地实际，在定向培养招生（招聘）公告中，明确招生（招聘）程序、组织机构、定向就业协议签订等具体事宜。

七、定向招生专业学制及选考科目范围

招生专业	学　制	选考科目
农学 植物保护 园艺 食品质量与安全 农业资源与环境	四年	物理、化学、生物（3 门科目考生选考其中一门即可报考）
动物医学	五年	物理、化学（2 门科目考生选考其中一门即可报考）
农林经济管理	四年	不提科目要求

八、学习费用

经学校正式录取并已签订定向就业协议的农学、植物保护、园艺、动物医学等4个专业的学生，按省教育厅、省财政厅关于就读省内本科院校农学类专业和高职（高专）农业种养技术专业的本省户籍学生有关政策免交学费，所需经费由省财政负担。食品质量与安全、农业资源与环境、农林经济管理等3个专业学生学费自理。定向培养生可享受与在校学生同等的奖、助、贷学金政策。

九、就业与待遇

定向培养生按期毕业后，应当回入学前户籍所在县（市、区）乡镇农技推广机构工作。具体工作单位采取竞争择优办法，由农业农村部门商乡镇农技推广机构主管部门、人力社保部门确定，由乡镇农技推广机构与定向培养生签订事业单位人员聘用合同，合同期限为5年。合同期满，要严格实施聘期考核。聘期考核不合格的，不再续签聘用合同。定向培养生在乡镇从事农技推广工作的期限不得少于5年，具体按各地签订的协议执行。

十、组织保障

开展定向培养基层农技人员，是加强基层农业农村公共服务的迫切要求，是进一步优化基层农技队伍结构和增强为农服务能力的有力举措，是推进乡村人才振兴、产业振兴的重要支撑。各地要高度重视，加强组织领导，认真抓好落实。各地农业农村部门要结合基层农技队伍建设需要，制定人才培养计划，加强与有关部门的沟通协调。教育部门要通过多种形式加大宣传，鼓励和动员本地考生填报定向培养专业志愿，积极投身基层农业农村发展事业。人力社保等相关部门要积极支持，紧密配合，制定完善定向培养、定向就业的优惠政策和措施，确保定向培养各项工作落到实处。承办院校要认真制订培养方案和教学计划，精心组织实施，确保人才培养质量。

浙江省农业农村厅
浙江省教育厅
浙江省人力资源和社会保障厅
2021年5月14日

第八篇

媒体宣传报道

防灾减灾夺丰收专题报道

抓紧抓实农业防灾减灾和秋粮生产
全力以赴夺取全年粮食和农业丰收

中央农办主任　农业农村部部长　唐仁健

（内容系 2021 年 8 月 17 日在全国农业防灾减灾和秋粮生产视频调度会上的讲话）

党中央、国务院高度重视粮食生产和防灾减灾工作。各级农业农村部门深入学习贯彻习近平总书记重要指示精神，认真落实党中央、国务院决策部署，环环紧扣抓好粮食和农业生产。一是夏粮早稻丰收到手。克服低温、干旱、强降雨、病虫害等影响，夏粮产量 2 916 亿斤，比上年增产 59.3 亿斤，再创历史新高，早稻预计也是增产的。二是秋粮生产基础较好。秋粮面积增加，特别是玉米等高产作物增加较多，除河南等重灾区外，大部地区墒情适宜，秋粮长势良好。三是生猪产能完全恢复。据农业农村部监测，7 月底全国能繁母猪和生猪存栏量分别恢复到 2017 年底的 101.6%、100.2%，提前半年实现恢复目标。灾后死亡畜禽无害化处理扎实有效，重大动物疫情保持平稳。这些成绩，是在今年多重挑战叠加背景下取得的，来之不易，应当珍惜。

农谚讲“七月十五定旱涝，八月十五定收成”，目前距离秋粮大面积收获还有一个半月，后期天气不确定性很大，决不能有丝毫松懈。各级农业农村部门要始终绷紧防灾减灾这根弦，坚持秋粮一天不到手，工作一天不放松，千方百计确保全年粮食产量保持在 1.3 万亿斤以上。

第一，盯紧盯牢气象灾害，龙口夺粮保秋粮丰收。今年秋粮面积增加，目前长势总体较好，能否丰收到手，最大的不确定性因素还是气象灾害。未来一个半月，是秋粮作物生长发育关键时期，夺取丰收还要过多个关口。要把灾情估计得更充分一些，应对工作准备得更扎实一些，分区分类精准施策，包片包村蹲点指导，用足用好政策资金，落实落细田管措施，努力做到重灾区少减产、轻灾区能稳产、无灾区多增产。东北地区要在防范松花江、嫩江等沿江内涝和局部阶段性秋旱的基础上，重点防好早霜。今年东北播期推迟，近期又出现阶段性低温，延缓了作物生育进程，进一步加大了后期遭遇早霜的风险，务必提早动手、主动防范。要以抢积温、促早熟、促增产为重点，在秋粮灌浆期增施叶面肥、杀菌剂、生长调节剂，提高灌浆效率，增加粒重，确保安全成熟。黄淮海地区重点抓好灾后恢复生产。绝收地块要抢抓农时，尽快改种补种生育期短、有市场需求的作物。受灾地块要抓好后期田管，通过追肥、喷施诱抗素和杀虫杀菌剂等措施，促进作物尽快恢复生长。蓄滞洪区要抢排积水、整地散墒，底线是不能耽误今年的秋冬种。同时，抓紧组织修复水毁农田水利设施、受损养殖圈舍、蔬菜大棚等，及时推动做好灾后保险理赔工作，积极争取农村地区灾后重建资金支持。南方稻区重点防秋旱、台风和寒露风。8—9 月南方气温偏高，局部地区可能出现秋旱，预计还有多个台风登陆。特别是今年双季晚稻栽插推迟，后期一旦遭遇寒露风，影响水稻安全成熟。要科学控水施肥，增施分蘖肥促快发，喷施叶面肥促早熟，提高水稻单产。西北地区要抓住近期可能降雨过程，趁墒追肥，喷施抗旱剂，促进作物恢复生长。农业农村部包省包片督导组、专家指导组将持续联系调度，帮助地方解决实际困难和问题。

第二，加密加强监测预警，分类分区抓好病虫害防控。今年夏粮丰收，病虫害防得好是重要原因。目前，草地贪夜蛾、水稻“两迁”害虫、稻瘟病等重大病虫害在一些地方偏重发生。各地要加密网格化监测，实行拉网式排查，及时发布预警信息，备足药剂药械，适时组织好联防联控、统防统治。水稻“两迁”害虫要治小治早、压前控后，稻瘟病要抓住破口抽穗关键期，及时统一防治，草地贪夜蛾要继续守好“三区四带”防线，实施分区治理、点杀点治，坚决防止大范围暴发成灾。

第三，抓紧抓实生猪产能巩固，多措并举促进生猪产业持续健康发展。8月初，六部门联合印发了促进生猪产业持续健康发展的意见，农业农村部正在制定生猪产能调控实施方案，分省明确能繁母猪存栏量和规模养殖场户保有量等核心指标，并出台考核办法。各地要对照任务指标，细化落实方案，继续稳定落实财政、金融、用地、环保等长效性支持政策，逐步建立市场化调控机制，防止“急转弯”“翻烧饼”，让养殖主体有稳定的政策预期。养殖场户亏损严重的地区要适时出台临时救助补贴、贷款贴息补助等政策，帮助养殖主体渡过难关，确保能繁母猪存栏量保持在合理区间。同时，要进一步强化非洲猪瘟常态化防控，持续做好包村包场排查和采样监测，加强调运、屠宰、无害化处理等关键环节监管，积极推进分区防控，坚决防止疫情反弹。做好秋防准备工作，统筹防控好禽流感、口蹄疫等重大动物疫情。

在抓好当前粮食生产和农业防灾减灾工作的同时，还要统筹推进农业农村相关重点工作，确保完成全年目标任务。一是扎实推进种业振兴。种业振兴行动方案出台后，要认真贯彻落实，继续推进农业种质资源普查，严厉打击种子套牌侵权等违法行为，确保种业振兴开好局起好步。二是坚决完成新建1亿亩高标准农田任务。截至7月底，全国新建成高标准农田5 305万亩，开工在建2 011万亩，占总任务量的73.2%，进展总体符合预期。但一些省份还是进度偏慢，要倒排工期，确保按时保质保量完成年度建设任务。三是深入推进农村人居环境整治。农村人居环境整治提升五年行动方案出台后，各地要抓紧谋划“十四五”重点任务。持续推进农村改厕问题摸排整改，确保10月底前完成，11月初农业农村部和乡村振兴局将组织对各地摸排整改情况进行评估、对重点省份进行抽查。四是巩固脱贫攻坚成果。持续抓好脱贫地区产业发展，针对因灾因疫返贫致贫等问题，及时采取帮扶措施，实现动态清零。五是扎实做好农村地区疫情防控。积极配合卫健部门守好农村疫情防线，做好疫区农产品稳产保供工作，防止出现卖难和断供。此外，还要建立健全乡村振兴工作推进机制，制定出台“十四五”推进农业农村现代化规划，扎实推进农村承包地再延包三十年、宅基地制度改革试点等重点改革任务落实落地。

农业农村部部署技术防灾减灾措施确保秋粮丰收

来源：《农民日报》（2021年7月23日）

未来三个月是秋粮产量形成的关键时期，也是旱涝、台风等气象灾害多发时期。农业农村部科技教育司积极部署相关技术防灾减灾措施，调动涉农科研院所和高校的科研专家力量，快速集成防灾减灾技术，编制技术手册，动员全国基层农技推广人员开展防灾减灾科技服务，在全国农业科教云平台开设防灾减灾技术服务专栏，培训广大生产经营主体和农民防灾技能及措施。

截至目前，国家产业技术体系岗位专家已编制技术手册 20 余类，基层农技推广人员就防灾减灾开展技术服务 11 万余人次，全国农业科教云平台防灾减灾技术服务专栏浏览量达 6 万人次，答复技术提问 3 万多条，发放各类技术明白纸等资料 1 万多份，为全年防灾减灾确保秋粮丰产提供坚实的技术支撑。

记者了解到，基层农技推广机构、现代产业技术体系试验站及国家农业科技创新联盟已经迅速行动，紧盯天气变化和病虫害情况，对可能出现的灾情进行预判，有关情况及时通报产业技术体系首席科学家和农技推广机构负责人，以便第一时间组织技术力量研判作出防范措施，确保灾害来临前有技术措施可用。

农业农村部科技教育司还要求科技专家和技术推广人员及时与当地农业农村部门对接，针对不同灾害类型制定灾害预防预案和集成技术方案，利用信息化等各种方式做好生产经营主体和农民的防灾减灾技术培训。产业技术专家在深入一线开展技术指导和服务同时，针对不同地区灾害类型编制针对性的《农业防灾减灾手册》，手册里明确技术规程和操作流程，做到广大农民看得懂、会操作、有效果。在此基础上，产业技术体系专家建立了按产业区划布局的防灾减灾对口联系机制，并将今年的防灾减灾任务列为产业技术体系专家岗位考核内容。

田间灾后重建忙　农业科技挑大梁
——河南省凝聚农业科技力量打好保收攻坚战

来源：《农民日报》（2021 年 8 月 24 日）

7 月 20 日以来，河南省连续遭遇特大洪灾和新冠疫情反扑，农业防灾减灾形势严峻，全省农作物受灾面积达到秋播面积的 13.6%。

救灾如救火。自灾情发生后，河南省农业农村厅迅速落实河南省委、省政府防汛救灾和加快灾后重建决策部署，先后就抢排积水、灾后改种、生产管理等 6 个方面紧急制定了工作指导意见，及时印发了《关于抓紧做好当前农业防灾减灾科技指导服务工作的通知》，统筹全省农业科教系统的体系优势、科技优势和人才优势，全力以赴推动灾后生产恢复，千方百计夺取秋粮丰收。

对接灾区科技需求，“助农天团”纷纷出战

7 月 23 日，河南农业大学公布第一批灾后农业专家技术服务团 54 人名单，随即引发了省内广大农户农企的广泛关注，咨询联系电话响个不停，短短两日专家们就接听咨询来电上千

人次。在线联系解决问题的同时，专家们还第一时间赶赴省内各地开展现场指导。7 月 25 日，更多专家纷纷请缨“出战”，河南农业大学“助农天团”再次扩容 119 人，总人数达到了 173 人。

暴雨袭来，让河南省部分家庭农场正待采摘的晚桃因雨天无法采收，很多树苗被淹。河南农业大学“助农天团”成员、果蔬专家郑先波教授从微信群中看到后，7 月 23 日连夜在各个林果微信群内发布了“洪涝灾害对果园的危害及灾后补救措施”，线上为林果种植户出主意、想办法，指导帮助果农进行灾后生产自救，尽力挽回农民种植损失。

农民有所呼，专家必有应。河南省通过组织涉农科研、教学、推广部门联动，派出省级 9 个工作组和 22 个专家组下沉一线，收集分析灾情，提出应对措施，指导生产自救。河南省现代农业产业技术体系积极响应号召，依托遍布全省 86 个县（市、区）的试验示范基地和全产业链协同创新的资源平台，第一时间摸排反馈产业受灾情况，制定了玉米、水稻、甘薯、大豆、谷子、花生、蔬菜、食用菌、水果、中药材、生猪、肉牛、水产等种养业技术指导意见，内容涉及生产恢复、作物改种、储粮烘干等，并公布专家个人联系方式，通过新闻媒体、电话微信、就近办班、现场服务等多种形式开展巡回宣讲和指导。

河南省大宗蔬菜体系于灾后第三天便整理出了 7 类可加茬抢种的露天蔬菜生产技术手册，在不耽误麦播的前提下最大限度降低绝收田块损失；省花生体系抢抓豫南地区先期受暴雨影响较小的优势，紧急在方城组织了花生涝灾防控培训会；省玉米体系针对主产区玉米雄穗、雌穗发育异常问题，迅速对驻马店、许昌、新乡、鹤壁等 9 地进行调研，提出采取人工辅助授粉、推迟收获等具体解决措施；省大宗水果体系第一时间冒雨奔赴郑州、新乡、开封等重灾区，为正待抢收晚桃、葡萄的果农示范灾后管理技术；省肉牛体系牵头发表了征集青贮及干草饲料的倡议书，帮助受灾的肉牛、奶牛、羊规模场填补逾 1.2 万吨饲料缺口；省技术经济评价体系利用大数据制作郑州、新乡等地区灾情安全隐患及居民所需救助信息分布图，为防汛救灾工作提供决策依据。

聚焦救灾复产防疫，加强线上指导服务

“农民朋友们好，我是鹤壁市农业农村发展服务中心的毕桃付，今天就雨涝灾害后农作物病虫害防治工作和大家交流几点意见。”8 月 20 日，在鹤壁市农业农村发展服务中心农业技术直播间，农业植保工作站站长毕桃付向农民传授灾后农田病虫害防治技术。

洪灾刚去，疫情又起。在做好疫情防控的同时，河南省通过引导各级农业农村部门、高素质农民培育机构等利用网站、手机客户端、微信公众号等途径，及时把农业技术服务送到农民身边。

为做好农户防灾减灾保收工作，早在 7 月 24 日，河南省农业农村厅就联合全国农业科教云平台、河南省减灾防灾预警中心、河南农业大学，克服停电、停水、停网的困难，录制了农业自然灾害的识别与防御、农业减灾预案和农业灾害保险、果林减灾技术等 13 期农业防灾减灾培训讲座；8 月初，又协同河南省农业科学院、河南农业大学，以“抓好农业减灾防灾、全力夺取秋粮丰收”为主题，围绕夏玉米、水稻、大豆、花生、蔬菜等秋季作物生产及新冠疫情防控开展科普直播 6 次。目前，视频累计观看已达到 29.33 万次，点赞数超过 5 万。

“农业专家的技术指导非常及时，我们按照专家的指导意见对田地开展飞防消杀、测土配方施肥、耕翻晾晒、平整土地等工作，并根据土地实际情况播种农作物，争取把今年受灾损失降到最低。”浚县卫溪街道傅庄村种粮大户付太华说。

包村联户精准帮扶，抓紧关键技术落实

统计数据显示，这轮洪涝灾害共造成河南全省 26 个国定脱贫县、11 个省定脱贫县、2 759 个脱贫村、39.09 万建档立卡脱贫人口和监测对象受灾。如何确保脱贫群众不因灾返贫是各地面临的艰巨任务。

河南各地农业农村部门结合基层农技推广体系改革与建设补助项目实施，按照“专家定点联系到县、农技人员包村联户”的工作思路，分作物、分区域、分受灾程度细化落实防灾减灾技术措施，对有需求的农户特别是受灾户和脱贫户进行技术指导全覆盖，在严格落实疫情防控规定的同时，快速有序推动整地改种、大田管理、畜禽防疫、物资供应、设施修复等各项农业救灾和生产恢复工作，确保重灾区少减产、轻灾区能稳产、无灾区多增产。

7 月 26 日，在中牟县韩寺镇古城村田间，河南省大宗蔬菜产业技术体系岗位专家、河南农业大学园艺学院教授李胜利正给一蔬菜种植户进行灾后技术指导时，村民邢玉萍匆忙赶来想请李胜利到自家茄子地里看看情况。“家里 3 亩多的辣椒、黄瓜被水淹后都没法抢救了，剩下几亩茄子也出了问题，快帮俺去看看吧。”邢玉萍焦急地说。

“别急，别急，俺去看看啥情况！”李胜利说着便跟邢玉萍来到了她家地里，不顾田间的泥泞，钻进茄子地里查看了起来。“咱这茄子田积水排得很及时，摘了成熟的茄子及时销售、行间开沟排水晾地、打老叶侧枝、加强病虫害管理，现在赶紧做好这四项措施，这片地就能好起来。”查看后，李胜利说着，邢玉萍认真地记着。

较早受灾的郑州市，一周内出动专家和农技人员 600 余人次，深入 62 个乡镇 105 个村庄现场“把脉问诊”，建立微信群提供跟踪服务。分包巩义的郑州市畜牧技术推广站专家们徒步穿越大面积损毁道路，利用无人机高空探查，帮助研判灾情；鹤壁发布种植业和畜牧业恢复生产十条政策，优先为惨遭数日浸泡的 5 个蓄滞洪区和决口洪水淹没村庄发放救灾补贴，组织技术人员帮助农户返家加快排涝除渍、打捞死亡畜禽等；安阳紧急发放玉米洪涝灾害补救措施明白纸 5 万余份，强调争取 8 月底前完成全市补种改种任务，滑县农业技术推广中心成立 6 个小组对辖区有需求的种植大户进行每周回访；周口向受灾最重的西华、扶沟加派玉米、大豆、花生、蔬菜、芝麻、食用菌、土肥等多个领域专家，协同两县 330 多名农技人员挨村入户做好技术帮扶；南阳组织市、县、乡三级近 1 000 名农技人员分片包干开展下乡包村集中科技服务活动，目前受灾作物基本逐渐恢复正常。

处暑满田黄，家家修廪仓。未来一个半月是秋粮作物生长发育关键时期。据气象部门预测，河南近期仍将连续出现大暴雨、降温等不利天气，势必为当前农业救灾和生产恢复带来严重影响。河南省农业农村厅相关负责人表示，全省各级农业农村部门将始终绷紧防灾减灾这根弦，努力做到防在成灾前、抗在第一时、救在第一线，组织专家和技术人员进一步做好线上、线下“点对点”“面对面”科技服务工作，分区分类精准施策，包片包村蹲点指导，助力实现全年粮食和农业稳产丰收。

洛阳：抗疫与灾后恢复农业生产两不误

来源：中国农网（2021年8月13日）

当前，面对严峻的新冠疫情形势，河南省洛阳市农业农村部门高度重视：一方面从严从紧从细从实推动疫情防控，另一方面狠抓秋粮生产技术指导，稳生产、稳供应，积极作好灾后恢复生产工作，保秋粮、夺丰收。

洛阳市农业技术推广服务中心召开部署动员会，启动24小时值班和消毒制度。各科室闻讯而动，积极配合，营造防疫宣传氛围，在“洛阳农技推广”“洛阳网上农技”等公众号和微信群，及时推送防疫知识。还积极组织开展“四送一助力”专项活动，组织党员志愿者深入城市社区协助防疫工作和清洁家园行动。

暴雨来临前，市农业技术推广服务中心积极开通“网上农技”，线上与线下同时发力。准确、及时、快捷地服务群众，满足农民对政策、市场、信息等全方位需求。《洛阳市2021年“三夏”生产防灾减灾预案》通过“网上农技”体系，几分钟后各县“网上农技”管理人员就已转发至各乡镇，提醒农户注意防范。强降雨后，市农业技术推广服务中心就做好抗灾减灾和农业生产救灾进行紧密部署和技术指导，组织党员干部和技术人员深入受灾企业、蔬菜大棚、田间地头，查看灾情，组织救灾，及时出台《雨后管理措施》《灾后减灾建议》《关于在丘陵旱地洪涝灾害后抢种谷子的建议》《暴雨灾后食用菌生产技术应急措施》等各类抗灾减灾技术措施方案，为各县区生产救灾提供技术指导。市农业技术推广服务中心同时强调，能在网上解答或解决的问题，限制人员下乡。确需下乡技术指导，下乡人员必须全程佩戴口罩，建议多在户外田间指导，不搞室内座谈。充分利用“洛阳网上农技”微信群，督促各县区用好“网上农技”平台。

截至目前，各县区在“网上农技”共发布技术指导信息176条、防疫信息43条。各县区“网上农技”平台运行良好，每天都活跃着大量技术人员，通过“网上农技”平台为农民答疑解惑，提供技术指导服务。“专家，请帮着看看这玉米咋不抽穗?”“玉米叶上一条条斑纹是啥病?”“打农药飘到养蚕室，蚕宝宝生病了咋办?”一条条寻求技术帮助的信息出现在“网上农技”上，一条条信息同样牵动着专家的心。洛阳市农林科学院、市农业技术推广服务中心、河南科技大学、洛阳师范学院的专家们针对信息，第一时间“号脉会诊，对症下药”，出台应对措施。

洛阳市农业技术推广服务中心党委书记、主任刘军学表示：“要想工作干得好，网上农技多指导。农技人员要学会两条腿走路，让线上农技和线下农技同时发力，想方设法，多服务、多指导、抗病灾、保秋粮、夺丰收，把技术论文写在金色田野上，为百姓服务，让人民满意。”

深入田间地头抗灾减灾　湖北省全力以赴保农业丰收

来源：《湖北日报》（2021 年 8 月 13 日）

8 月 13 日，湖北省农业农村厅紧急派出两个工作组，赴灾情严重的随州、襄阳、孝感、武汉等地指导农业抗灾救灾工作。目前，省市县农业农村系统坚持抗灾抗疫两手抓、齐发力，上下联动，全力以赴开展农业抗灾救灾和生产自救，力争减少灾害损失，力促秋粮丰收。

本轮强降雨导致水稻、玉米、大豆、花生、蔬菜、甘薯等农作物受灾。根据省农业农村厅部署，工作组抵达襄阳宜城市和孝感云梦县、孝南区后，通过实地查看田间灾情，走访新型经营主体，与当地干部群众分析雨情灾情，提出具体抗灾措施，指导当地尽快抢排田间渍水，抢修损毁的堤坝等设施设备，疏通田间排灌沟渠，及时抢收已经成熟的再生稻、玉米、蔬菜等作物，加强在田作物田间管理和病虫害防控，最大限度减轻灾害损失。

在云梦，工作组了解到当地受灾呈现“北重南轻”“粮重菜轻”的特点，北部乡镇早熟中稻受淹倒伏较重，府河沿线沙滩地玉米仍淹没在水中，在田蔬菜损失较轻。工作组指出，中稻正处于产量形成关键时期，若持续降雨，将影响灌浆结实，造成减产，受灾地区要因田因苗科学开展抗灾生产，尽快抢排渍水，抢抓田管，抢防病虫，全力夺取秋粮丰收。在宜城，工作组根据受灾区域分布、作物种植及畜牧、水产灾情，进行分类指导，制定有针对性的抗灾技术措施。

灾害发生以来，灾区各级农业农村部门迅速行动，组织力量投入农业抗灾救灾。随州市农业农村局及时制定当前农业抗灾救灾技术方案，迅速派出 3 个工作专班，开展灾情核查和灾后农技指导服务。襄阳市农业农村局印发《关于开展当前抗灾救灾调研指导的通知》，制定抢排、抢管、抢收、抢种、抢修等“五抢”措施，派出 8 个工作组分赴灾区开展抗灾指导，同时积极协调涉农保险公司，开展田间灾情勘查，及早做好保险理赔。云梦县启动所有泵站，调度机械 200 多台套，紧急抢排田间积水内水，组织 100 多名农技人员分赴 12 个乡镇指导农业抗灾生产，紧急采购马铃薯种薯 5 万斤，拟在 8 月底前开展马铃薯全程机械化示范。

目前，湖北省农业农村系统继续落实 24 小时值班制度，对全省农业灾情日调度、日报告，确保信息通畅、救灾及时、指导到位。

农技推广工作报道

从南方到北方　农技专家真忙

来源：《农民日报》（2021 年 4 月 9 日）

农技人员使用植保无人机在马良镇潮水村对油菜地进行农药喷洒作业（杨韬　张兆红　摄）

当前正值油菜菌核病防治的关键时期，湖北省襄阳市保康县组织农业技术员来到该县油菜主产区马良镇，指导和帮助当地农民开展油菜病虫害防治工作，并利用植保无人机对油菜地进行农药喷洒作业，节约人工成本，有效提高喷洒效率及病虫害防治效果。

一年之计在于春，春耕农时不等人。当前，我国春耕备耕由南向北陆续展开，春意盎然的田间地头一片繁忙景象。农技人员、农业专家行动起来，采取多种形式提供技术培训和指导，助力春耕生产。

浙江兰溪："拔尖人才"田间送服务

"年前低温冻害特别严重，修剪果树时，你要把嫩枝剪干净，尽量减轻冻害……"在浙江省兰溪市永昌街道胡村种植大户李远兵的田地里，兰溪市第十批拔尖人才、高级农艺师陈新炉正对工作人员进行技术指导。

当前正是春耕备耕的关键期，连日来，兰溪农林水利系统相关拔尖人才服务队深入田间地头，帮助群众解决农业生产中的实际问题，为粮食丰产丰收“保驾护航”。

游埠镇下王村种粮大户王志华经营耕地 612 亩，主要种植水稻、小麦、油菜、小萝卜等，规模较大，有一定的技术和管理基础。在拔尖人才服务队的指导下，该农场已做好全年种植结构布局、稻虾综合种养、早稻机插秧等技术应用及前期准备工作。

此外，服务队还为农户送去了种子、肥料等农资，备受村民欢迎。

让群众找得到专家、让专家帮得上群众，以最有效的人才资源精准服务农业发展。近年来，兰溪农林水利系统相关拔尖人才服务队充分发挥专业优势，以专家团队直接到户、良种良法直接到田、技术要领直接到人的农技服务方式，让种植户得到实实在在的好处，为农业丰产丰收提供坚强的技术保障，助力农业产业发展，加快推动乡村振兴。

湖北谷城：农技员线上线下传技助耕忙

为助力农民搞好春耕备耕，湖北省谷城县农业技术推广中心展开了密集的线上线下农技培训活动，并组织农技人员深入田间地头采取多种形式，为农户提供技术指导，助力春耕生产。

针对农民时令化、个性化、差异化的不同个体需求，他们在 38 个高素质农民学员班级微信群平台上，对时令“共性”问题，及时发布了近期一些农民急需的农情信息和病虫情报及各种防治意见。如小麦条锈病、油菜菌核病发生预报，包括发生趋势、主要预报依据和防治措施等。对于个性类“点单式”提问需求，在“线上”进行深刻剖析，即时讲解直到能理解、会操作为止。同时，向种植户传授田间管理、药肥使用、农机保养和维修、农业保险等农业知识。采取这种“一对一”的互相交流、“点对点”的即时回复的指导方式，相对于集中培训倾向于“大水漫灌”“面面俱到”的讲授形式来说，平添了许多“灵活性”和“精准性”，很多农民朋友在田间生产作业时，凭一部手机在手就可“即时”解决生产中遇到的很多实际问题，广受农户和学员们的好评和赞誉。

针对农户在农业生产过程中出现的各类“疑难杂症”，农技专家直接深入田间地头进行指导交流，互动解答种植户提出的种植难题，如目前蔬菜品种的定向、定位，如何做好生产前准备工作，如何制备营养土做好蔬菜育苗、补充营养以及管理蔬菜等。

为转变种植户的传统种植观念，农技专家结合当前实际种植情况，根据农时特点，及时更新培训指导内容，向种植户推广介绍现代化大农业的新理论、新技术、新品种，通过理论联系实际的细致讲解、教学，确保种植户能够听得懂、学得会、用得上，为当下农民备耕提供了重要的技术支撑。

江苏宿迁：技术指导第一时间“配送上门”

“当前麦苗长势很好，但杂草较多，草害较重，要抓住有利时机及时化除。”在江苏省宿城区蔡集镇牛角村的一处田地里，高级农艺师杨超正在耐心指导农户进行科学田间管理。今年 47 岁的杨超，从事农技工作已经20年了。当下正值春耕备种的有利时节，为了保证春耕生产工作顺利进行，不少像杨超这样的农技人员每周不少于两次深入到田间地头，把技术指导和服务第一时间“配送上门”。

“每块田要施多少肥，病虫草害的治理等等，带给我们很多指导。”蔡集镇牛角村村民张桂强说。针对当前在春管工作中存在的问题和难点，技术部门要突出重点，分类指导，因田施策。据宿迁市农业技术综合服务中心负责人介绍，目前全市春耕备种农资需求基本满足。保量也要保质，保证春耕生产顺利进行。同时，市农业农村局制定并下发了《2021年全市春季田管技术意见》等系列文件，组织广大农技人员深入田间地头开展技术指导与服务，指导农民抢抓关键时期，做好春季农业生产工作。

陕西杨凌：农科专家“田间课堂”手把手培训

为引导农民更好地春耕备耕，近日西北农林科技大学试验示范站、基地的推广专家们把握农时，积极回应各地政府和广大农户的技术需求，纷纷深入田间地头，点对点、面对面地为各种植大户“把脉问诊”，传授种植技术服务乡邻。

在西北农林科技大学白水苹果试验示范站的果园里，一场别开生面的“田间授课”正在进行。西北农林科技大学园艺学院教授、瑞雪瑞阳选育团队负责人、陕西省苹果产业技术体系首席专家赵政阳把课堂搬到了田间地头，对果农进行针对性培训，希望今年苹果产量稳中有升。培训采用理论讲授与实地操作相结合的方式，从果树栽培、品种选择、果园管理、果树修剪等方面进行详细讲解，现场操作示范，手把手教果农修剪拉枝等技术要领，确保让果农听得懂、学得会、用得上。

在西北农林科技大学铜川果树试验示范站，针对樱桃生产现状结合当地实际，陕西省现代樱桃产业技术体系首席科学家、西北农林科技大学教授蔡宇良重点对樱桃新品种生产特性，以及适合本地树型培养及整形修剪、丰产提质栽培管理等技术进行了深入浅出的讲解，对果农有关樱桃管理有疑惑的方面进行了详细、全面解答。

通过西北农林科技大学专家在各地“田间课堂”里的手把手培训，进一步提升了果农的果园管理水平，有力地促进了果园管理措施的落实，使果农看到了科学技术管理的重要性，掌握了果树修剪技术，理清了致富思路，为果产业提质增效打下基础。

2021年农业农村部重大引领性技术发布
——科技创新推动“藏粮于地、藏粮于技”战略落地

来源：《农民日报》（2021年8月27日）

为充分发挥科技创新的引领带动作用，全面支持创新驱动发展战略和“藏粮于地、藏粮于技”战略，近日，2021年农业农村部重大引领性技术正式发布。10项重大引领性技术分别是：稻麦绿色丰产“无人化”栽培技术、水稻大钵体毯状苗机械化育秧插秧技术、水稻机插缓混一次

施肥技术、蔬菜流水线贴接法高效嫁接育苗技术、草地贪夜蛾综合防控技术、苜蓿套种青贮玉米高效生产技术、床场一体化养牛技术、池塘小水体工程化循环流水养殖技术、秸秆炭化还田固碳减排技术、陆基高位圆池循环水养殖技术。

农业农村部科技教育司对做好重大引领性技术集成示范工作发出通知，要求围绕引领性技术在产业中的实际应用，以问题为导向，以技术为主线，以团队为支撑，以基地为平台，建立政产学研推用多方主体横向联动、纵向贯通的工作机制，实现集成熟化、示范展示、推广应用紧密结合，形成一批贯穿农业生产全过程的综合技术解决方案，切实发挥引领性技术在推动产业增效和区域农业转型升级中的重大带动作用。

重大引领性技术集成示范的工作任务具体包括：组建技术集成示范团队。联合技术研发单位、集成示范单位和技术推荐单位成立专家指导团队，整合上下游力量，充分发挥各自优势和特色，建立定期会商机制，共同组织好技术集成示范工作。

加强技术集成配套和熟化。围绕技术核心环节做好集成配套，强化农机农艺融合，解决好技术应用过程中出现的新情况新问题，促进技术集成与熟化完善，提升技术的适用性和经济性。

打造技术示范展示平台。每项技术要在两个以上的示范展示基地展示，可依托现有的全国农业科技现代化先行县、国家现代农业科技示范展示基地、全国基层农技推广体系改革与建设补助项目农业科技示范基地、现代农业园区、新型经营主体生产基地等开展示范展示工作。

组织技术观摩培训活动。组织开展以新型经营主体、小农户等为对象，农业农村部门和国家农技推广机构广泛参加的示范观摩活动，并组织开展形式多样的技术培训和现场实训，加快技术普及应用。

形成技术综合解决方案。在集成示范的基础上进一步完善技术要点，形成综合性的技术解决方案和可操作性强的技术规范，通过网络、电视、报纸等多途径广泛推介宣传，扩大应用范围。

记者了解到，农业农村部自 2017 年起组织开展重大引领性技术集成示范工作，共围绕粮食高效生产、农业防灾减灾、绿色生态种养、耕地质量提升等方面集成示范相关技术 30 余项，为引领产业升级换代、推动农业高质高效发展、确保粮食安全和重要农副产品供给提供了有力的科技支撑。

附　录

2021年农业主推技术名单

类别	技术名称	技术名称
粮食增产类	1. 优质小麦全环节高质高效生产技术	12. 北方寒地水稻机插同步侧深施肥技术
	2. 冬小麦宽幅精播高产栽培技术	13. 玉米品种互补增抗生产技术
	3. 冬小麦节水省肥优质高产技术	14. 玉米控释配方肥免追高效施肥技术
	4. 小麦两墒两水两减绿色高效生产技术	15. 玉米密植高产全程机械化生产技术
	5. 稻茬小麦灭茬免耕带旋播种技术	16. 西南山地玉米黑膜覆盖控草集雨抗旱栽培技术
	6. 稻茬麦秸秆还田整地播种一体化机播技术	17. 马铃薯绿色高效栽培技术
	7. 小麦绿色智慧施肥技术	18. 旱地黑色地膜马铃薯垄上微沟栽培技术
	8. 杂交稻暗化催芽无纺布覆盖高效育秧技术	19. 小麦机械化收获减损技术
	9. 籼粳杂交稻优质高产高效栽培技术	20. 水稻机械化收获减损技术
	10. 水稻叠盘出苗育秧技术	21. 玉米机械化收获减损技术
	11. 水稻“三控”(控肥、控苗、控病虫)施肥技术	
油料增效类	22. 大豆带状复合种植技术	27. 长江流域油菜密植增效种植技术
	23. 黄淮海夏大豆高质低损机械化收获技术	28. 玉米花生宽幅间作技术
	24. 黄淮海夏大豆免耕覆秸机械化生产技术	29. 花生单粒精播节本增效栽培技术
	25. 米豆轮作条件下大豆高产栽培技术	30. 夏花生免膜播种机械化技术
	26. 油菜精量联合播种与广适低损高品质收获技术	31. 芝麻节本增效机械化播种技术
特色产业类	32. 西北内陆棉区“宽早优”绿色高质高效机采棉生产技术	42. 茶园化肥减施增效生产技术
	33. 黄河流域棉花生产全程机械化增产技术	43. 茶园农药减量增效生产技术
	34. 设施茄果类蔬菜优质绿色简约化栽培技术	44. 蚕豆全程机械化生产技术
	35. 非耕地日光温室蔬菜有机生态型无土栽培技术	45. 燕麦宽幅匀播栽培技术
	36. 高光效日光温室蔬菜绿色生产技术	46. 旱作谷子全程机械化栽培技术
	37. 旱作区苹果高品质栽培技术	47. 甘薯机械化栽插与碎蔓收获技术
	38. 梨树液体授粉节本增效技术	48. 食用菌菌棒自动化高效生产技术
	39. “一改二精三高”鲜食葡萄高效栽培技术	49. 甘蓝类蔬菜全程机械化生产技术
	40. 哈密瓜露地优质绿色高效轻简化栽培技术	50. 露地蔬菜无人化作业生产技术
	41. 设施高品质生食果蔬生态基质无土栽培稳产技术	51. 木薯宽窄双行起垄种植及配套全程机械化技术
绿色防控类	52. 水稻病害“一浸两喷”精准防控技术	57. 猕猴桃细菌性溃疡病“三位一体”精准防控技术
	53. 稻田抗药性杂草“早控一促发”治理技术	58. 利用寄生蜂防治椰心叶甲技术
	54. 稻田杂草群落消减控草技术	59. 水果内部病害的田间减控与采后精准无损筛查技术
	55. 二点委夜蛾绿色防控技术	60. 梨蜜蜂授粉与病虫害绿色防控技术
	56. 葡萄果实病害绿色防控技术	61. 甘薯病毒病综合防控技术
耕地质量提升类	62. 玉米秸秆覆盖保护性耕作技术	67. 东北黑土区旱地肥沃耕层构建技术
	63. 东北地区玉米秸秆集中深还田快速改土培肥技术	68. 健康耕层构建技术
	64. 旱作土壤秸秆错位轮还全耕层培肥技术	69. 土壤熏蒸消毒技术
	65. 耕地土壤重金属关键障碍降控技术	70. 南方稻田豆科绿肥与稻草联合利用养地减肥技术
	66. 寒区黑土地保护性耕作技术	

（续）

健康养殖类	71. 玉米豆粕减量替代技术 72. 畜禽抗生素减量替代技术 73. 奶牛精准饲养技术 74. 优质苜蓿青贮加工与饲喂利用技术 75. 放牧绵羊母子一体化养殖技术 76. 肉羊标准化饲养管理技术 77. 肉鹅规模化高效生产技术 78. 单作苜蓿田季节性套作青贮玉米种植技术 79. 规模养殖母猪定时输精批次生产技术 80. 混播草地划区轮牧技术	81. 高青贮日粮均衡营养技术 82. 漏斗形池塘循环水高效养殖技术 83. 池塘鱼菜共生循环种养技术 84. 稻田生态综合种养技术 85. 池塘养殖水质调控与尾水生态治理技术 86. 海水池塘养殖尾水生态治理技术 87. 对虾工厂化循环水高效生态养殖技术 88. 池塘工程化循环水养殖技术 89. 鱼虾混养生态防控技术
畜禽防疫类	90. 种畜场口蹄疫免疫无疫控制技术 91. 非洲猪瘟常态化防控技术 92. 奶山羊布鲁氏菌病区域净化技术	93. 生猪养殖机械化防疫技术 94. 规模化鸡场消毒技术
增值加工类	95. 冷鲜肉减损保鲜物流关键技术 96. 奶产品三维评价技术 97. 玉米种子精细高效规模化加工技术 98. 切花采后运销综合保鲜技术	99. 橡胶树省工高效采胶技术 100. 玉米全株青贮裹包机械化技术 101. 全株玉米青贮质量评价技术 102. 高水分苜蓿青贮技术
生态环保类	103. 北方地区秸秆捆烧清洁供暖关键技术 104. 畜禽粪便就近低成本处理利用集成技术 105. 村镇有机废弃物高效清洁好氧发酵技术 106. 分散式农业废弃物能源化利用技术 107. 畜禽粪便纳米膜好氧发酵堆肥技术 108. 秸秆基料化循环利用技术	109. 农业废弃物食用菌基质化利用技术 110. 黄土高原旱作果园雨水集蓄根域补灌技术 111. 玉米无膜浅埋滴灌水肥一体化技术 112. 热带果园间作柱花草提质增效技术 113. 镉污染稻田原位钝化联合微肥调控技术 114. 稻田氮磷流失田沟塘协同防控技术

全国农业科技战线“全国优秀共产党员”（27名）

姓　名	单位及职务
孙德岭	天津市农业科学院研究员
王建威	河北省望都县农业农村局农业技术推广中心站长
武汉鼎	内蒙古自治区清水河县原畜牧局盆地青乡兽医站站长
王贵满	吉林省梨树县农业技术推广总站站长，中国农业大学吉林梨树实验站副站长
聂守军	黑龙江省农业科学院绥化分院党委委员，水稻品质育种所所长、研究员
林占熺	福建农林大学生命科学学院菌草所党支部书记，国家菌草工程技术研究中心首席科学家
谢华安	福建省农业科学院原院长、研究员，中国科学院院士
黄秀泉	福建省三明市沙县区农业科学研究所副所长、良种繁育场党支部副书记，三明市总工会副主席（兼职）

（续）

姓　名	单位及职务
刘家富	福建省宁德市水产技术推广站原站长，农业技术推广研究员
傅光明	福建圣农控股集团有限公司党委书记，福建圣农发展股份有限公司董事长
颜龙安	江西省农业科学院原院长，中国工程院院士
孔令让	山东农业大学农学院党委副书记、院长
郭天财	河南农业大学农学院教授，河南粮食作物协同创新中心主任
祁兴磊	河南省泌阳县畜牧技术服务中心农业技术推广研究员
李彦增	河南世纪香食用菌开发有限公司党支部书记、董事长
符小琴（女，黎族）	海南省农垦五指山茶业集团股份有限公司茶叶加工技术员
吴怡（回族）	四川省生态环境科学研究院土壤地下水污染防治研究所副所长
李桂莲（女）	贵州省农业科学院研究员、原名誉院长
尼玛扎西（藏族）	西藏自治区农牧科学院原党组副书记、院长
朱显谟	西北农林科技大学原研究员，中国科学院原院士
李殿荣	原陕西省农垦科教中心名誉主任、农艺师、研究员，陕西省杂交油菜研究中心名誉主任、研究员
张淑珍（女）	陕西省原商南县茶业站站长，商洛市茶叶研究所名誉所长
任继周	兰州大学草地农业科技学院教授、名誉院长，中国工程院院士
郭占忠	甘肃省临夏县农业农村局党组副书记、县农业技术推广中心副主任
曹有龙	宁夏农林科学院枸杞科学研究所党支部书记、所长
刘守仁	新疆农垦科学院名誉院长、研究员，中国工程院院士
方智远	中国农业科学院蔬菜花卉研究所原党委书记、所长，中国工程院院士

农技推广系统“全国脱贫攻坚楷模”名单（8名）

姓　名	单位及职务
高春艳（女）	黑龙江省牡丹江市穆棱市农业技术推广中心主任
阮祥忠	陕西省渭南市蒲城县农业技术推广中心副主任（挂职），句容市农业农村局种植一科科员
邓述东	湖南省湘潭县射埠镇农业综合服务中心技术人员
王俊	四川省喜德县农业农村局副局长（挂职），四川省水产局技术推广总站副站长
王瑜（布依族）	贵州省黔西南布依族苗族自治州农业农村局农业技术推广中心助理农艺师
宁德鲁	云南省林业和草原技术推广总站站长
群培（藏族）	西藏自治区阿里地区农业农村局技术推广站副站长
李秉诚	甘肃省畜牧技术推广总站科长

2021年度神内基金农技推广奖获奖名单（推广人员）

序 号	姓 名	推荐单位
		种植
1	芦金生	北京市大兴区农业技术推广站
2	吴东风	天津市滨海新区汉沽农业技术推广站
3	刘志坤	河北省平乡县农业技术推广中心
4	张照强	山西省临汾市尧都区农业技术推广服务中心
5	盖俊楷	内蒙古自治区克什克腾旗宇宙地镇综合保障和技术推广中心
6	张晓梅	辽宁省建平县白山乡农业服务站
7	刘文华	吉林省敦化市农业技术推广中心
8	邱信臣	吉林省长春市九台区农业技术推广中心
9	朱 伟	黑龙江省哈尔滨市阿城区亚沟街道办事处
10	刘 静	山东省威海市文登区农业农村事务服务中心
11	曲常迅	山东省平度市蓼兰镇农业农村服务中心
12	赵健飞	河南省新安县农业技术推广中心
13	弓增志	河南省中牟县农业技术推广狼城岗区域中心站
14	师海斌	陕西省蒲城县农业技术推广中心
15	蒋 宏	甘肃省酒泉市肃州区农业技术推广中心
16	杨富位	甘肃省静宁县农业技术推广中心
17	祁玉梅	青海省西宁市湟中区农业技术推广中心
18	王生明	宁夏回族自治区永宁县农业技术推广服务中心
19	贾银录	宁夏回族自治区同心县农业技术推广服务中心
20	乔金玲	新疆维吾尔自治区库尔勒市农业技术推广中心
		畜牧
21	孙春清	北京市平谷区动物疫病预防控制中心
22	赵金艳	天津市静海区农业发展服务中心
23	李 铭	河北省衡水市安平县畜牧技术站
24	高月平	山西省忻州市繁峙县畜牧兽医中心
25	苑清国	辽宁省朝阳市朝阳县畜牧技术推广站
26	潘广辉	吉林省延边朝鲜族自治州安图县新合乡综合服务中心
27	孙家英	吉林省吉林市桦甸市桦郊乡综合服务中心
28	张学良	黑龙江省齐齐哈尔市泰来县畜牧综合服务中心
29	李玉霞	山东省泰安市岱岳区畜牧兽医服务中心
30	郝常宝	山东省临沂市沂水县畜牧发展促进中心

（续）

序　号	姓　名	推荐单位
31	李玉法	河南省三门峡市渑池县畜牧技术推广中心
32	申福顺	河南省安阳市殷都区畜牧工作站
33	穆勇攀	陕西省兴平市畜牧技术推广站
34	周国乔	甘肃省张掖市高台县畜牧技术推广站
35	李　强	甘肃省张掖市临泽县倪家营镇畜牧兽医工作站
36	周　成	宁夏回族自治区银川市永宁县畜牧水产技术推广服务中心
37	周　托	宁夏回族自治区盐池县畜牧技术推广服务中心
38	董泽生	青海省海东市乐都区畜牧兽医站
39	罗延洪	青海省海晏县金滩乡畜牧兽医站
40	朱香菱	新疆维吾尔自治区昌吉回族自治州玛纳斯县动物疾病预防控制中心
		农机
41	王尚君	北京市昌平区农业机械化技术推广站
42	唐宏伟	天津市蓟州区农业发展服务中心技术推广站
43	魏学东	河北省深州市农业机械化技术推广站
44	周志明	山西省万荣县农机发展中心
45	张　渊	内蒙古自治区呼伦贝尔市额尔古纳市农业机械管理站
46	刘晓波	辽宁省丹东市东港市农业农村发展服务中心
47	刘艳军	吉林省松原市长岭县农业机械化技术推广站
48	刘本忠	哈尔滨市通河县农业机械化技术推广站
49	尤　伟	山东省济宁市泗水县农业机械现代化发展促进中心
50	景兴隆	河南省南阳市方城县农机技术示范试验推广站
51	张　毅	陕西省榆林市靖边县农业机械技术推广站
52	王新华	甘肃省定西市陇西县农机服务中心
53	张富英	青海省海东市民和回族土族自治县农机站
54	马少珍	宁夏回族自治区灵武市农业机械化推广服务中心
55	古丽亚提·阿克帕	新疆维吾尔自治区尼勒克县农机新技术推广站
		水产
56	藤淑芹	天津市蓟州区畜牧水产业发展服务中心
57	康格平	河北省平山县水产技术推广站
58	常立新	山西省沁水县农业技术推广中心
59	韩永峰	内蒙古自治区达拉特旗水产工作站
60	王　亮	辽宁省凌海市农业农村发展中心
61	石瑞华	吉林省敦化市水产技术推广站
62	刘凤志	黑龙江省勃利县水产技术推广站
63	韩学明	山东省莱阳县渔业技术推广站

（续）

序 号	姓 名	推荐单位
64	胡军娜	河南省漯河市源汇区水产技术推广站
65	王永辉	陕西省安康市汉滨区渔业生产工作站
66	冉社文	甘肃省陇南市文县水产技术推广站
67	刘 波	宁夏回族自治区青铜峡市畜牧水产技术推广服务中心
68	顾冬花	青海省大通县桦林乡畜牧兽医站
69	于雪峰	新疆维吾尔自治区福海县水产技术推广站
70	管文章	山东省郯城县农业技术推广中心
	能源	
71	丁洪杰	河北省石家庄市元氏县新能源办公室
72	杨朝辉	山西省临汾市吉县果树科技研究所
73	杨树林	黑龙江省双鸭山市宝清县农村能源事业发展中心
74	赵 辉	陕西省宝鸡市眉县农业技术推广服务中心
75	范 军	黑龙江省绥化市庆安县农业技术推广中心
76	徐振贤	山东省菏泽市曹县农业环境监测站
77	杨金田	甘肃省平凉市崇信县农村能源发展中心
78	何延鹏	甘肃省临夏回族自治州积石山县农村能源办公室
79	闫吉军	宁夏回族自治区中卫市沙坡头区农业技术推广服务中心农村能源组
80	姚文飞	新疆生产建设兵团第四师农业技术推广站
81	王义龙	吉林省洮南市农产品质量安全检测中心
82	范景军	辽宁省葫芦岛市建昌县农村能源建设办公室
83	杨 林	河南省信阳市息县农村能源环境保护站
84	马 森	青海省西宁市湟中区农业生态环境与可再生能源工作站
85	陈丽梅	内蒙古自治区兴安盟突泉县农村能源工作站
	农广校	
86	李胜利	北京市农广校房山区分校
87	王鸿奎	天津市农广校北辰区分校
88	毛久银	河北省农广校宽城满族自治县分校
89	梁宝盛	山西省临汾市农广校
90	高 琳	内蒙古自治区农广校巴林左旗分校
91	刘凤英	辽宁省黑山县农业农村事务服务中心
92	刘忠军	吉林省梨树县农民科技教育中心
93	韩仁波	黑龙江省农广校安达市分校
94	沈志河	山东省汶上县农广校
95	韩志乾	河南省农广校内黄分校
96	杜建军	陕西省靖边县农业科技教育培训中心
97	董旭生	甘肃省农广校庄浪县分校
98	蒽 贤	宁夏回族自治区固原市原州区农广校
99	哈力扎提·苏力坦	新疆维吾尔自治区农广校伊宁县分校
100	宋献北	黑龙江垦区农广校八五二农场分校

第二届“互联网+农技推广”服务之星名单

序 号	姓 名	性 别	工作单位
1	董家行	男	天津市静海区农业科学技术研究所
2	孟庆占	男	河北省玉田县动物疫病预防控制中心
3	李树峰	男	河北省阳原县农机技术推广站
4	郭雪涛	女	中央农业广播学校保定分校
5	王爱芳	女	山西省阳曲县蔬菜发展服务中心
6	李银生	男	山西省阳曲县农村社会事业发展中心
7	史良锁	男	山西省闻喜县农业农村局种子站
8	李清宇	男	内蒙古根河市农业技术推广站
9	蒋加文	男	内蒙古通辽市开鲁县吉日嘎郎吐镇农业服务中心
10	崔晶	女	内蒙古锡林郭勒盟太仆寺旗幸福乡基层农牧业综合技术推广站
11	玉花	女	内蒙古磴口县农牧业经营管理站
12	马清艳	女	内蒙古通辽市开鲁县吉日嘎郎吐镇农业服务中心
13	道日格乐	女	内蒙古新巴尔虎右旗达赉苏木综合保障和技术推广中心
14	王泽平	男	内蒙古伊金霍洛旗农牧技术推广中心
15	朱强	男	辽宁省岫岩满族自治县农业农村发展中心
16	刘秀君	女	辽宁省葫芦岛市建昌县药王庙镇农业技术推广站
17	潘宜元	男	辽宁省清原县英额门镇农业站
18	高树育	男	吉林省汪清县农业技术推广中心
19	张琼	女	吉林省柳河县农业技术推广总站
20	郭玉芳	女	吉林省敦化市江南镇农业技术推广站
21	吕文秀	女	吉林省公主岭市范家屯镇综合服务中心
22	姜兆明	男	吉林省榆树市红星乡综合服务中心
23	郭永霞	女	吉林省集安市头道镇综合服务中心
24	李忠军	男	吉林省农安县靠山镇人民政府农业科
25	王飞扬	女	吉林省长春市双阳区山河街道综合服务中心
26	王明林	男	吉林省蛟河市农业机械管理总站
27	孔令臣	男	吉林省东辽县白泉镇综合服务中心
28	崔权贵	男	吉林省梅河口市海龙镇综合服务中心
29	任凌慧	女	吉林省东丰县那丹伯镇综合服务中心
30	王井艳	女	吉林省农安县高家店镇综合服务中心
31	刘旭	男	吉林省敦化市畜牧站
32	胡建羽	男	吉林省乾安县安字镇畜牧兽医站
33	李伟杰	男	黑龙江呼玛县农业技术推广中心
34	杨伟东	男	黑龙江哈尔滨市呼兰区农业机械化技术推广站
35	于莉红	女	黑龙江富裕县农业技术推广中心
36	王少华	男	江苏省扬州市邗江区方巷镇农业农村局
37	朱训泳	男	江苏省南京市六合区马鞍街道农业服务中心
38	蒋加勇	男	浙江省文成县农村合作经济经营服务中心

（续）

序 号	姓 名	性 别	工作单位
39	姜学喆	男	安徽省阜南县农业综合行政执法大队
40	王三明	男	安徽省望江县畜牧兽医技术推广中心凉泉畜牧兽医站
41	金鑫	男	安徽省灵璧县灵城镇农村经济技术指导站
42	汪友农	男	安徽省广德市畜牧兽医水产服务中心
43	李小露	女	安徽省灵璧县娄庄镇农村经济技术工作站
44	张公胜	男	安徽省泗县大庄镇农机站
45	屈敏	女	安徽省亳州市谯城区张店乡农业综合服务站
46	李先发	男	安徽省全椒县农产品质量安全检测站
47	张家喜	男	安徽省凤阳县府城镇农业技术推广站
48	杨洪	男	安徽省宿州市埇桥区褚兰镇农业综合服务中心
49	张勤	男	安徽省来安县农业技术推广中心
50	尹金芬	女	安徽省桐城市文昌街道办事处农业技术推广站
51	李朝潘	男	福建省浦城县永兴镇人民政府
52	林祚棋	男	福建省尤溪县农田建设与土壤技术推广站
53	钟晓斌	男	福建省武平县平川街道社区建设发展中心
54	全祖和	男	福建省南平市建阳区小湖镇乡村振兴发展中心
55	王文安	男	江西省分宜县钤山镇农业综合服务站
56	王洪山	男	山东省莘县农业农村综合服务中心
57	李岩	男	山东省梁山县韩岗镇农业综合服务中心
58	李娅	女	山东省菏泽市定陶区农业技术推广站
59	刘峰	男	山东省沂水县农业技术推广中心
60	赵建光	男	山东省烟台市福山区臧家庄镇综合服务站
61	段梅堂	男	山东省乐陵市农业综合服务中心
62	王全民	男	河南省新郑市农业机械技术推广中心
63	杨永民	男	河南省濮阳县农业机械技术推广站
64	冯贺奎	男	河南省平舆县植物保护站
65	郭青松	男	河南省林州市农业农村局
66	杨俊霞	女	河南省固始县农业技术推广中心
67	杜颖	女	湖北省恩施市龙凤镇农业服务中心
68	张春来	男	湖北省武汉市新洲区双柳街农机站
69	鲁定国	男	湖北省来凤县革勒车镇农业技术服务中心
70	谢承平	女	湖北省松滋市新江口街道农技服务中心
71	简春盛	男	湖南省桃源县理公港镇农业综合服务中心
72	胡应华	男	湖南省临湘市桃林镇农业综合服务中心
73	冯新平	男	广东省乳源瑶族自治县动物疫病预防控制中心
74	邹新华	男	广东省乳源瑶族自治县大桥镇农业农村办
75	吴平	男	广西南丹县经济作物站
76	谭子刚	男	海南省三亚市农业机械化管理局
77	黄甫旭	女	重庆市双河街道办事处农业服务中心
78	冉光胜	男	重庆市武隆区文复苗族土家族乡畜牧兽医服务中心
79	秦永菊	女	重庆市云阳县江口镇农业服务中心
80	杨汝才	男	四川省合江县农业农村局甘雨镇农业技术推广服务中心

（续）

序　号	姓　名	性　别	工作单位
81	刘刚	男	四川省资中县明心寺镇农业综合服务中心
82	贺广春	男	四川省威远县畜牧兽医服务中心
83	张廷胜	男	贵州省石阡县农业农村局动物疫病预防控制中心
84	赵玉虎	男	云南省腾冲市植保植检工作站
85	孔维信	男	云南省宣威市农业环境保护监测站
86	杨坚	男	云南省富源县十八连山镇农业农村综合服务中心
87	丁海华	男	云南省勐腊县农业技术推广中心
88	程永峰	男	陕西省蓝田县农业技术推广中心
89	袁信	男	陕西省扶风县果业服务中心
90	王改荣	女	陕西省西安市鄠邑区农产品质量安全检验监测中心
91	王广炳	男	陕西省汉阴县农业技术推广站
92	李鸿琪	男	甘肃省定西市安定区香泉镇农业农村服务中心
93	汪得君	男	青海省互助土族自治县畜牧兽医站
94	王启明	男	青海省大通县农业技术推广中心
95	铁富萍	女	青海省海晏县畜牧兽医站
96	前进	男	青海省都兰县农牧业综合服务中心
97	郭正朴	男	青海省热水乡畜牧兽医站
98	白爱红	女	宁夏隆德县农业技术推广服务中心
99	董秉业	男	宁夏中卫市沙坡头区兴仁镇农业综合服务中心
100	李国顺	男	新疆吉木萨尔县农业技术推广站

全国星级基层农技推广机构入选名单

序　号	省份（含兵团、农垦）	单　　位
1	北京	北京市昌平区农业机械化技术推广站
2	北京	北京市海淀区农业科学研究所
3	天津	天津市西青区农业农村发展服务中心
4	河北	唐山市曹妃甸区农业技术推广站
5	河北	定州市农业技术推广中心
6	山西	壶关县农业技术推广中心
7	山西	长治市上党区畜牧兽医中心
8	山西	繁峙县畜牧兽医中心
9	山西	阳城县芹池镇畜牧兽医中心站
10	内蒙古	杭锦后旗农牧业技术推广中心
11	内蒙古	阿荣旗农业事业发展中心
12	内蒙古	科尔沁右翼前旗农牧业科学技术发展中心
13	内蒙古	鄂温克族自治旗农牧和科技事业发展中心
14	辽宁	庄河市农业发展服务中心

（续）

序 号	省份 （含兵团、农垦）	单 位
15	辽宁	西丰县现代农业发展服务中心
16	辽宁	盘山县现代农业生产基地发展服务中心
17	辽宁	昌图县现代农业发展服务中心
18	吉林	敦化市农业技术推广中心
19	吉林	公主岭市农业技术推广总站
20	吉林	蛟河市农业机械管理总站
21	吉林	梨树县水产技术推广站
22	吉林	东丰县畜牧总站
23	吉林	公主岭市畜牧总站
24	黑龙江	嫩江市农业技术推广中心
25	黑龙江	望奎县农业技术推广中心
26	黑龙江	富锦市畜牧技术推广中心
27	黑龙江	巴彦县畜牧兽医站
28	黑龙江	佳木斯市郊区水产技术推广站
29	上海	上海市浦东新区农业技术推广中心
30	上海	上海市金山区动物疫病预防控制中心
31	上海	上海市嘉定区农机技术推广站
32	江苏	江阴市农业技术推广中心
33	江苏	海安市畜牧兽医站
34	江苏	常州市金坛区农机化技术推广中心
35	江苏	南京市江宁区农业机械技术推广站
36	江苏	兴化市现代农业发展服务中心
37	江苏	江苏省农垦农业发展股份有限公司种植业管理中心
38	浙江	杭州市余杭区农业技术推广中心
39	浙江	三门县水产技术推广站
40	浙江	瑞安市马屿镇农业技术推广站
41	浙江	舟山市普陀区水产科学技术推广站
42	安徽	庐江县农业技术推广中心
43	安徽	寿县农业技术推广中心
44	安徽	明光市农业技术推广中心
45	安徽	当涂县农业技术推广中心
46	安徽	萧县刘套镇畜牧兽医站
47	安徽	蒙城县农业机械事业发展中心
48	安徽	潜山市农业机械化服务中心
49	安徽	怀远县水产技术推广中心
50	福建	诏安县经济作物技术推广站
51	福建	福清市畜牧兽医中心
52	福建	南平市建阳区农业机械管理站
53	福建	福建农垦茶业有限公司
54	福建	武平县水产技术推广站
55	江西	丰城市农业技术推广中心

（续）

序　号	省份 （含兵团、农垦）	单　　位
56	江西	上高县畜牧兽医工作站
57	山东	招远市农业技术推广中心
58	山东	肥城市现代农业发展服务中心
59	山东	桓台县农业机械事业服务中心
60	山东	临沭县农业机械发展促进中心
61	山东	东营市东营区动物疫病预防控制中心
62	山东	济宁市任城区渔业发展和资源养护中心
63	山东	博兴县渔业技术推广站
64	河南	漯河市郾城区新店农业技术推广区域站
65	河南	安阳县瓦店农业技术推广区域站
66	河南	洛阳市孟津区送庄农技推广区域站
67	河南	汝州市畜牧技术推广站
68	河南	济源市畜牧技术推广站
69	河南	舞钢市农机推广总站
70	河南	渑池县农业机械推广站
71	河南	潢川县水产技术推广站
72	河南	河南省黄泛区农场
73	湖北	武穴市大金镇农业技术推广服务中心
74	湖北	潜江市水产技术推广中心
75	湖北	竹山县宝丰镇动物防疫检疫工作站
76	湖北	枝江市农机服务中心
77	湖北	荆门市屈家岭管理区农业技术推广中心
78	湖南	石门县蒙泉镇农业综合服务中心
79	湖南	东安县农业综合服务中心
80	湖南	南县种植业技术推广中心
81	湖南	冷水滩区上岭桥动物防疫站
82	湖南	衡南县茶市镇农业综合服务中心
83	湖南	临武县畜牧水产事务中心
84	湖南	宁乡市农机技术推广站
85	湖南	华容县农业综合技术推广中心
86	湖南	常德市西洞庭管理区农业技术推广中心
87	广东	广州市从化区农业技术推广中心
88	广东	化州市农业技术推广中心
89	广东	龙川县耕地肥料站
90	广东	高州市畜牧兽医水产服务中心
91	广西	容县农业技术推广站
92	广西	南丹县经济作物站
93	广西	南宁市武鸣区水产畜牧兽医技术推广站
94	广西	鹿寨县畜牧工作站
95	广西	兴安县畜牧水产技术推广中心
96	广西	全州县水产技术推广站

（续）

序　号	省份 （含兵团、农垦）	单　　位
97	广西	广西桂垦牧业有限公司
98	海南	琼中黎族苗族自治县农业技术研究推广中心
99	重庆	重庆市渝北区农业技术推广站
100	重庆	重庆市合川区畜牧站
101	重庆	重庆市长寿区水产技术推广站
102	四川	岳池县农业技术推广站
103	四川	巴中市恩阳区下八庙镇农业综合服务中心
104	四川	井研县动物疫病预防控制中心
105	四川	安岳县石羊镇畜牧兽医站
106	四川	武胜县水产渔政局
107	四川	简阳市农机化技术推广服务站
108	贵州	福泉市农业技术推广站
109	贵州	罗甸县蔬菜发展中心
110	贵州	凤冈县畜牧渔业站
111	贵州	晴隆县柑桔场
112	贵州	遵义市播州区畜牧渔业发展中心渔业水产站
113	云南	富民县农业技术推广服务中心
114	云南	江城哈尼族彝族自治县植保植检站
115	云南	禄劝彝族苗族自治县畜牧兽医总站
116	云南	双柏县动物疫病预防控制中心
117	云南	曲靖市麒麟区农业机械管理服务中心
118	云南	勐海县水产技术推广站
119	云南	耿马傣族佤族自治县孟定农场管委会农业综合服务中心
120	陕西	延安市宝塔区农业技术推广中心
121	陕西	眉县农业技术推广服务中心
122	陕西	大荔县畜牧发展中心
123	陕西	岐山县农业机械技术推广服务中心
124	陕西	汉滨区渔业生产工作站
125	甘肃	肃州区农业技术推广中心
126	甘肃	庄浪县南湖农业技术推广区域站
127	甘肃	山丹县大马营镇农业农村综合服务中心
128	甘肃	渭源县锹峪镇畜牧兽医站
129	甘肃	合作市佐盖曼玛镇畜牧兽医站
130	甘肃	天祝藏族自治县农牧业机械技术推广站
131	甘肃	甘肃条山农林科学研究所
132	青海	大通回族土族自治县农业技术推广中心
133	青海	互助土族自治县农业技术推广中心
134	青海	祁连县动物疫病预防控制中心
135	青海	大通县畜牧兽医站
136	青海	海晏县畜牧兽医站
137	宁夏	贺兰县畜牧水产技术推广服务中心

（续）

序 号	省份（含兵团、农垦）	单 位
138	宁夏	灵武市畜牧水产技术推广服务中心
139	宁夏	固原市原州区农业技术推广服务中心
140	宁夏	青铜峡市农业技术和农机化推广服务中心
141	宁夏	宁夏农垦农林牧技术推广服务中心
142	新疆	新和县农业技术推广站
143	新疆	哈密市伊州区农业农村技术推广中心
144	新疆	新疆玛纳斯县动物疾病预防控制中心
145	新疆	博乐市农业农村机械化发展服务中心
146	新疆兵团	新疆生产建设兵团六师农业技术推广站
147	新疆兵团	新疆生产建设兵团八师畜牧兽医工作站
148	新疆兵团	新疆生产建设兵团十三师农机技术推广站
149	北大荒集团	黑龙江北大荒农业股份有限公司七星分公司农业技术推广中心
150	广东省农垦总局	广东农垦热带作物科学研究所农技推广站

全国星级农业科技社会化服务组织入选名单

序 号	省份（含协会）	单 位
1	北京	中捷四方生物科技股份有限公司
2	天津	天津市保农仓病虫害防治专业合作社
3	天津	天津市德太农机服务专业合作社
4	河北	玉田县集强农民专业合作社
5	河北	曲周县银絮棉花种植专业合作社
6	河北	辛集市沐林农机专业合作社
7	河北	石家庄市温德格信农业科技有限公司
8	山西	大同市金农农业专业合作社
9	山西	芮城县东恒农机专业合作社
10	内蒙古	科右中旗绿之源种养殖业专业合作社
11	内蒙古	鄂托克旗牧康农牧业有限责任公司
12	内蒙古	乌兰察布市瑞田现代农业股份有限公司
13	内蒙古	林西县荣盛达种植农民专业合作社
14	内蒙古	阿荣旗金丰公社农业服务有限公司
15	辽宁	辽宁万盈农业科技有限公司
16	辽宁	辽宁长青农业科技发展有限公司
17	辽宁	海城市三星生态农业有限公司
18	辽宁	灯塔市东古城水稻专业合作社
19	辽宁	绥中县西平乡东海养牛专业合作社

（续）

序 号	省份（含协会）	单 位
20	吉林	乾安县大暇畜牧场农业综合开发有限公司
21	吉林	九台区纪家镇凤财农业机械化农民专业合作社
22	吉林	吉林省乾溢农业发展专业合作社联合社
23	黑龙江	北安市宇新现代农机合作社
24	上海	上海外冈农机服务专业合作社
25	上海	上海练塘叶绿茭白有限公司
26	江苏	句容市丁庄万亩葡萄专业合作联社
27	江苏	南京艾津植保有限公司
28	江苏	南通市通州区田梦粮食种植专业合作社
29	浙江	杭州广通植保防治服务专业合作社
30	浙江	天台县繁盛粮食专业合作社联合社
31	安徽	长丰县草莓协会
32	安徽	宣城木子禽业专业合作社
33	安徽	铜陵丰谷水稻病虫害统防统治专业合作社
34	安徽	安徽省农垦集团淮南农场有限公司
35	福建	寿宁县臻锌园葡萄专业合作社
36	福建	上杭县聚胜家庭农场
37	福建	宁德市富发水产有限公司
38	江西	江西省云田智农科技有限公司
39	江西	高安市久洋农业机械专业合作社
40	江西	江西省绿能农业发展有限公司
41	江西	泰和县丰颖稻业农民专业合作社
42	江西	金溪县鲲鹏农业植保技术服务专业合作社
43	山东	山东伟丽种苗有限公司
44	山东	山东思远蔬菜专业合作社
45	山东	泰安市汶粮农作物专业合作社
46	山东	临清市远大农机专业合作社
47	河南	郏县红伟农机专业合作社
48	河南	焦作市博爱源生态农业有限公司
49	河南	唐河县康元农作物种植专业合作社
50	河南	商水县天华种植专业合作社
51	河南	河南首邑农业发展有限公司
52	湖北	洪湖市春露农作物种植专业合作社联合社
53	湖北	随州市汉东玥农作物种植专业合作社
54	湖北	监利县春燕渔业专业合作社
55	湖北	京山绿丰农机专业合作社
56	湖南	益阳市惠民种业科技有限公司
57	湖南	湖南华绿生物科技有限公司
58	湖南	湖南角山米业有限责任公司
59	湖南	永顺县和顺现代农业专业合作社
60	湖南	湖南平洋农林科技开发有限公司

（续）

序　号	省份（含协会）	单　　位
61	广东	深圳市天天学农网络科技有限公司
62	广东	广东海纳农业有限公司
63	广东	江门天禾农业服务有限公司
64	广西	广西容县翔泓农业科技有限公司
65	广西	陆川县水产协会
66	广西	武宣县博盛农机专业合作社
67	重庆	重庆市潼南区渝飞农机服务专业合作社联合社
68	重庆	重庆创源农业技术有限公司
69	重庆	重庆市黔江区八八八农机专业合作社
70	四川	广汉市惠民农机作业专业合作社
71	四川	夹江县乐天农业机械化服务专业合作社
72	四川	蒲江县民新植保专业合作社
73	四川	眉山市好味稻水稻专业合作社
74	四川	四川天王牧业有限公司
75	贵州	贵州卓豪农业科技股份有限公司
76	贵州	贵州牧林农业科技发展有限公司
77	贵州	遵义市播州区润田农机专业合作社
78	云南	宾川县宏源农副产品产销专业合作社
79	云南	寻甸泵龙马铃薯种植专业合作社
80	云南	牟定县隆兴农机专业合作社
81	云南	云南牛牛牧业股份有限公司
82	陕西	榆林市榆阳区思路农机农民专业合作社
83	陕西	汉中留坝惠康农业科技有限公司
84	陕西	蒲城县新型农业经营主体联合会
85	甘肃	甘肃谷丰源农工场农业社会化服务有限公司
86	甘肃	会宁县文兵农机专业合作社
87	青海	湟中鲍丰农机服务专业合作社
88	青海	青海凯特威德生态渔业有限公司
89	青海	青海炫飞电子科技有限公司
90	宁夏	灵武市鑫旺农业社会化综合服务站
91	宁夏	平罗县盈丰植保专业合作社
92	宁夏	西吉县春发农业综合服务站
93	新疆	沙雅县德民种植农民专业合作社
94	新疆	额敏县农乐打瓜专业合作社
95	新疆	沙湾县天忠农民专业合作社
96	中国农技推广协会	山东丰信农业服务连锁有限公司
97	中国农技推广协会	浙江托普云农科技股份有限公司
98	中国农技推广协会	滦县百信花生种植专业合作社
99	中国农技推广协会	河北润农节水科技股份有限公司
100	中国农技推广协会	深圳市五谷网络科技有限公司

全国农业科技现代化先行县共建名单（2021年）

序　　号	共建先行县	对口技术单位
	一、与有关省、自治区、直辖市农业科学院共建	
1	北京市平谷区	北京市农林科学院
2	天津市武清区	天津市农业科学院
3	河北省邢台市宁晋县	河北省农林科学院
4	山西省运城市临猗县	山西省农业科学院
5	内蒙古自治区赤峰市巴林右旗	内蒙古自治区农牧业科学院
6	辽宁省辽阳市灯塔市	辽宁省农业科学院
7	吉林省松原市乾安县	吉林省农业科学院
8	吉林省长春市公主岭市	吉林省农业科学院
9	黑龙江省佳木斯市富锦市	黑龙江省农业科学院
10	上海市金山区	上海市农业科学院
11	江苏省南京市溧水区	江苏省农业科学院
12	江苏省淮安市涟水县	江苏省农业科学院
13	浙江省台州市黄岩区	浙江省农业科学院
14	安徽省阜阳市太和县	安徽省农业科学院
15	福建省南平市光泽县	福建省农业科学院
16	江西省宜春市高安市	江西省农业科学院
17	山东省临沂市费县	山东省农业科学院
18	河南省驻马店市正阳县	河南省农业科学院
19	湖北省宜昌市枝江市	湖北省农业科学院
20	湖南省湘西土家族苗族自治州保靖县	湖南省农业科学院
21	湖南省益阳市赫山区	湖南省农业科学院
22	广东省汕尾市海丰县	广东省农业科学院
23	广西壮族自治区贺州市富川瑶族自治县	广西壮族自治区农业科学院
24	海南省海口市美兰区	海南省农业科学院
25	四川省成都市邛崃市	四川省农业科学院
26	重庆市荣昌区	重庆市畜牧科学院
27	贵州省贵阳市修文县	贵州省农业科学院
28	云南省昆明市富民县	云南省农业科学院
29	西藏自治区昌都市卡若区	西藏自治区农牧科学院
30	陕西省渭南市大荔县	陕西省农林科学院
31	甘肃省定西市安定区	甘肃省农业科学院
32	宁夏回族自治区吴忠市利通区	宁夏农林科学院
33	新疆维吾尔自治区昌吉回族自治州玛纳斯县	新疆农业科学院
34	新疆生产建设兵团第六师共青团农场	新疆农垦科学院

（续）

序　号	共建先行县	对口技术单位
	二、与有关部部共建大学、部省共建大学共建	
35	河北省辛集市	河北农业大学
36	河北省邯郸市曲周县	中国农业大学
37	河北省邯郸市鸡泽县	中国农业大学
38	河北省唐山市丰南区	中国人民大学农业与农村发展学院
39	山西省晋中市太谷区	山西农业大学
40	辽宁省鞍山市海城市	沈阳农业大学
41	吉林省四平市梨树县	中国农业大学
42	黑龙江省齐齐哈尔市甘南县	东北农业大学
43	上海市松江区	上海交通大学
44	上海市崇明区	上海海洋大学
45	江苏省镇江市句容市	江苏大学
46	江苏省无锡市宜兴市	江苏大学
47	江苏省南京市浦口区	南京农业大学
48	江苏省泰州市兴化市	南京农业大学
49	浙江省衢州市常山县	浙江大学
50	安徽省合肥市庐江县	安徽农业大学
51	福建省三明市建宁县	福建农林大学
52	江西省抚州市资溪县	江西农业大学
53	江西省赣州市信丰县	华中农业大学
54	山东省泰安市肥城市	山东农业大学
55	河南省周口市郸城县	河南农业大学
56	湖北省襄阳市襄州区	华中农业大学
57	湖北省荆州市石首市	长江大学
58	湖南省长沙市浏阳市	湖南农业大学
59	广东省广州市从化区	华南农业大学
60	重庆市潼南区	西南大学
61	陕西省铜川市印台区	西北农林科技大学
62	陕西省渭南市合阳县	西北农林科技大学
63	甘肃省张掖市甘州区	甘肃农业大学
	三、与农业农村部直属相关单位共建	
64	河北省唐山市乐亭县	农业农村部农业生态与资源保护总站
65	河北省张家口市赤城县	农业农村部科技发展中心
66	内蒙古自治区巴彦淖尔市杭锦后旗	全国农业技术推广服务中心
67	江苏省苏州市昆山市	中国水产科学研究院
68	江西省上饶市婺源县	中国农业科学院
69	山东省潍坊市寿光市	中国农业科学院
70	河南省南阳市邓州市	农业农村部规划设计研究院
71	广西壮族自治区梧州市藤县	中央农业广播电视学校
72	广西壮族自治区崇左市扶绥县	中国热带农业科学院

注：排名不分先后。